宇宙からの啓示と環境造形

諏訪恵里子

牧野出版

はじめに

私は心が呼応する物創りを信念に環境造形家として歩んできました。２０１８年で38年目を迎えます。この間、多くの造形を様ざまな場所に残させていただくチャンスに恵まれました。そして現在があります。

私の仕事＝環境造形とは

一般の方々の認識では、環境造形と言われても良く分からない仕事だと思われますので、以下少し説明を加えます。

仕事依頼の８割が役所、いわゆる行政（国・県・郡・市・区・町・村など）からです。内容は多種多様です。一例をあげると、橋・駅前や公共広場・モニュメント・公共壁面・公園・トンネル・公共建築のアート部分等になります。

ファッションにたとえるならば、全体を引き立たせるポイントとしてのブローチの提案だったり、全体を素晴らしくするためのトータル・コーディネートの提案だったり、になるでしょうか。ともあれ、その人を創っている素《そ》のオーラが輝くお手伝いをするようなことです。

次に創作の手順です。

最初は、依頼された土地や場所、建物など、その計画を行う現地空間へ出向きます。私自身はそこから受ける直観を重視します。

次は、その地域の背景や特徴を探ります。たとえば、神話や歴史資料・現在に至るさまざまな資料を収集し分析するなどです。

それらを元に、中心となる言葉での概念づくり（コンセプト・メイキング）をし、そのイメージ（抽象）へと展開させます。発注者である役所とはここまでの打ち合わせに多くの時間を取っていただきます。

この段階で中心概念を決定した後に、基本設計（基本図面・全体が解る立体絵図＝パースペクティーブ）を提出し、それを検討し決定します。そして次に、詳細設計（詳細図面・模型）を提出し最終総決定となります。

ここから、はじめて工事になりますが、予算出しや工期調整を経て実際に工場作成や現場作業が始まります。私は自分の意図したことをしっかり伝えるためにその現場に参画します。可能な限り密着し、正しく理解をしてもらうために説明をし、問題や齟齬のチェックを行います。

このように、造形が出来上がるまでには「多くの時間」と「多くの人の心や力」が結集されます。創って行く過程で、一つでも負の波動が入り込むとエネルギーのある造形にはなりません。人づくりも行いながらの《和》の統合になります。

なぜ、本を書こうと思ったのか

長々と環境造形について説明をしましたが、私がなぜ、この本を書こうと思ったかを記すことにします。

環境造形を建造するときの基本となる中心概念創りのため、その地や空間に立った時のことです。なぜか、必ずといって良いほど、宇宙からの啓示的感覚がありました。それは、人のような声であったり光や音で訪れました。ある時は、夢の中にその詳細な様子が映像として出て来たりもしました。

啓示的感覚については、特に1990年から1996年の6年間くらいが凄まじく、造形決定・工事竣工などもこの時期に集中したように思えます。

振り返ると、一九九五年は阪神淡路大震災やサリン事件が起こった年です。この年を含み、またこの年以前に集中したのは何故なのでしょう。時代の経済状況だけではないように感じます。

現在でこそ、スピリチュアルに対する認識は広がったものの、この当時は「宇宙啓示」などという表現は声高には出来ませんでした。ましてや公共空間の造形ですから、変人扱いされれば採用は無理だったかもしれません。でも、できうる限り、受けた啓示には忠実を心掛け、表現にしても当時の感覚で、ぎりぎり受け入れられそうなところで訴え仕事をしてきました。

時が流れ現在にいたり、その間、それぞれの造形たちが、その地やそこで生き暮らす人々との間で息づくさまをそっと見守ってきました。

ところが、最近になって「本当はどんな啓示の元で出来あがったのか。どのような必然の造形なのか。それを知ってもらうことは必要なのかもしれない。」と感じ始めたのです。そして2015年の12月、「その時期は今！」というメッセージがしっかり届きました。

世の中に偶然はありません。公表することで賛同して下さる多くの想念がそこに集結されるのならば、本来の啓示が意図するであろう現象が現実にもっと起こるのではないかと思えました。また、世界全体が変動期にある今、日本やそこに生きる私たちにとって、その役割が鮮明に表出されるのではないかとも思えました。

この原稿は15年12月中盤にメッセージを受けた後、書き上げたものです。

なお、今回（２０１８年）の出版にあたり一部加筆しました。

私のこと

私は子供のころから「私は地球以外の星から来た」という妙な感覚がありました。

自然に存在する物質が細胞的に見えたりする時期がありました。木や植物たちの放つ声が聞こえていたこともあります。夜空の星々に私の中に湧きあがる様ざまなイメージの世界を投影させていた時期もあります。幼児期なのに、地球の中心近くにあるマグマの圧倒的存在が頭から離れないことや、地底世界があるのではないかと、気になって仕方ないこともありました。中一の時ですが、同級生の一人に対して「この人、前生では自分の姉だったわ」と直観したことも普通のようにありました。

自分でも「何かやっぱり変だ」と感じることは日常的に起きていました。ですが、当時は今のようではありません。両親にも誰にも話せず自分の中に封印するしかなかったのです。感受性が強く、好奇心おおせいなうえに行動的な子供でしたから、親の「ハラハラ感」たるや、尋常ではなかったろうと思います。

そんな感覚がベースにありましたので、ともかく始めは地球を世界をもっと知ろうと行動を起こしました。

十代終わりころから日本を飛びだし地球の旅をスタートしたのです。この十年間ほどは、日本と日本人の重要性や使命を多くの人に伝えたく、日本に張り付いていますが、過去八十ケ国余は訪れています。同じ場所や空間に何度も触れたり、長期な滞在だったりと地球を知ろうとする旅は続きました。

そんな旅の中半期以降は、ガイヤの波動が高い地や経済的には貧しいけれど豊かな精神性がしっかりある国や場所、また、地球上に帯状に生活しているモンゴロイド系（米原住民・インディオ・イヌイット・アボリジニ・チベッタン等など）の地への旅が多かったと思います。

旅も国外が先だったので、外から日本を見つめる機会が早く訪れました。そして、日本及び日本人の重要性が認識できたのも早い時期でした。日本古来より受け継がれている道の文化（華道・茶道・書道・武道など）に再度触れ直しました。また、しっかり見直すこともしました。

27年も前になりますが、友達の言葉がきっかけで、四国八十八ケ寺の巡礼に出かけました。約１１００キロを徒歩にて踏破。38日間（一日30キロメートル前後）一人でもくもくと寺から寺への移動です。星から星に移って行く感覚にも似たこの旅は、現在のもう一つの顔、スピリチュアルな顔を自覚させられた旅でした。

造形の仕事も旅も同時並行しながら、スピリチュアルな世界も追求し始めたのです。日本中（北海道から沖縄まで）の神社や寺院・山や磐座など、「行きなさい」の啓示を受けたところは全部訪ねました。同じ場所に対して「今訪ねなさい」の啓示を受けた時も素直に即行動してきました。某神社では「よく来た、待っていた」の声が聞こえて涙が止まらなかった事もありました。それらの啓示は、宇宙からの声やイメージといった形で訪れました。

私の旅はいつも一人。そして、あえて事前情報を持たない直観重視の旅です。今までの旅の出来事を本に例えるならば、何百冊にまとめても足りないでしょう。私の中の記憶図書館には今も所蔵本が増え続けています。

現在、新宿区富久町に精神世界を主にしたギャラリー・スタイルのサロンを開いています。すでに15年が過ぎました。天上からは「組織を作るな・これで食べるな・個でこつこつ知らせよ」と言われているので、それも守ってきました。ここで縁を得た皆さんは、それぞれが自身の内に「気づき」を見出し成長しています。そんな姿に触れるたび、私自身も、とても嬉しく幸せな気持になります。

話は変わりますが、私の名字は「諏訪」、諏訪大社・諏訪神社のDNAを受け継いでいます。天上からのメッセージに加え必要な時必要な通信が、37兆個の細胞記憶からも送られて来ます。ですから、いつ何時でも対応できるように、「自然体」の維持と「自由な心」の継続とを常に心掛けて生活しています。

感謝すること

これら私の造形が「絵に描いた餅」でなく今にあるのは、当時、(株)シスコの代表取締役であった菊池幸三郎氏との出会いがあったからです。

彼は建築家なのですが、総合プロデュース能力がとても高い方で、「未来の環境アートをこうしたい」という情熱を持って会社を経営していました。彼自身、感性が豊かでアートに対する理解の幅も広く、アーティストを育てて行こうという抱擁力もありました。さらに特殊施工知識や実践経験が豊富でしたので、難度の高い施工をも可能にして行くことができました。

この当時、彼の会社には多くアーティストが出入りしていました。しかし、私のように「コンセプトメイキング」の重要性を主張する者はなく、単に形から入る計画スタイルが主でした。私のこの主張に共感したのは菊池氏でした。しかし、この当時の役所も「コンセプト」が何なのかの理解はありませんでした。以後、菊池氏と組んで多くの計画を提案しましたが、三年間位は受注が決まらない状態が続いたと思います。役所曰く、「インパクトは凄いのですが、これはどこかで造ったことがありますか」「こんな計画はどこにもなく面白いけれど初めてはリスクがあるので……」等、ほとんどが冒険を回避した安全な選択でした。しかし、三年を過ぎたころから「菊池・諏訪に頼んだら何か新鮮な計画が出てくるのではないか」と声がかかるようになり、大きなプロジェクトが決まっていったのです。

私自身は昭和五九年に今の会社を立ち上げてスタッフもかかえていたので、同時に他の現場も抱えつつ計画参加をしていた状態でした。その当時を振り返ると、大変だった我が社の内部事情の記憶が蘇ります。こんなプロセスを経て造形は次々出来上がって行きました。

現在、菊池氏はお年を召され一線は退きましたが、今なお裏方においては現役でＩＲ計画などに闘志を燃やしています。ともあれ、私の造形は菊池氏なしには存在していなかったという訳で、今にいたるも変わらず大変感謝しています。

なお、この本に書いた「啓示部分」はその当時もそれ以後も一切誰にも吐露しないで来ました。ですから、菊池氏も今回初めて知ることになり「そんなことがあったのか」と非常に驚かれている次第です。

宇宙啓示と私の造形

さてこれから、本題に入ります。

取り上げた造形は頻繁に啓示が来ていた1990年～1996年間のものです。

以下計画ごとに詳しく紹介して行くことにします。

目次

コラム

装丁　浅利太郎太

宇宙からの啓示と環境造形

環境造形作品

Environment

新羽田空港・環状八号線のトンネルゾーン計画

竣工：1993年10月

発注者：東京都

全体設計：(株) 千代田コンサルタント、**アート・プロデュース**：菊池幸三郎、**デザイン**：諏訪恵里子

計画範囲：トンネル部680m（壁面・出入り口・ガードパイプ・照明柱・照明器具）門型標識柱・橋名板・モニュメント・その他（オープン壁・高架道路柱）・

【コンセプト】

《羽田第8海底都市》

愛称：サブマリーンタウン・エイト、　基本テーマ：ロマン・神秘・未来、

全体計画の決定愛称：コスモロード。

環八トンネルゾーンは羽田に入る4トンネルの一つですが、環状線の入口であり出口でもある等、新空港における位置から観る時、他にはない独自性を打ち出した方が良いでしょう。トンネル全体を海底都市としてとらえ、一般的トンネルの概念を取り除きます。ここを通過する人々に対し、未知の世界が持つロマンチックでミステリアスな空間都市を創造します。新空港は他の計画が空（上に）向ってはばたく未来をメインテーマとしていますので、環八のここは思い切り地中深く潜り込んだ未来感覚にします。より立体的厚みがプラスされるわけですから、話題の場所が又一つ誕生することになります。

【啓示の内容】

「羽とつく地名のここは、太古に存在した瞬間移動船が発着した地の一つだったのですよ。元主は地球を一つの愛でまとめていました。あちらこちらの惑星に出かけては情報交換をしていました。地球上のあらゆる場所へ瞬間移動し、宇宙への感謝を指導していたのですよ。今は地球表面に住めなくなったので地底空間に住んでいます。公然と出入りできる状

態を創ってほしい。他惑星と交信できるようにしてほしい」でした。

神話には異次元空間を現した竜宮城や浦島太郎などもあります。今振り返りると、「竹内文書」的な内容も含まれていたのですね。

【デザイン意図と説明】

そこで私は坑口の基本デザインをアダムスキー型宇宙船と波動型宇宙船の二案を提出。結果はアダムスキー型に決定。一部壁面から飛び出した形態をとり、680mの長さ空間と地底からの厚みを抱いた意味合いをイメージさせました。680mの壁面は上下線で四面です。それぞれに海底都市の異なるシルエットを創造しました。このトンネルは人道路も付けましたが、車が主になります。ですから、海底都市シルエットは車速60kmでの見え方で作成しています。壁面は排気の汚れを掃除でき、劣化を抑えるため、ステンレスに都市シルエットをエッチングで描きこんで、フッ素塗装をしています。また、照明も海底にふさわしい選択をしました。加えて、環八の出入り口が上空からでも解るようなモニュメントを建てました。

このようなプランを採用してくださった東京都には感謝です。今考えてみましても、何か見えない力に応援されていたように思えてなりません。

【エピソード】

近年ですが、仕事で新しい建築家の方との出会いがありました。その時彼がこんな言葉を漏らしたのです。

「新羽田空港に行く環八のトンネル見たことありますか？　通るたびに、いつも気にかかっていたのですけれど、誰がこんなこと計画したんだろうって」と。

「あら、それ私のプランなの」という一言を聞くなり、彼の目がクルミ状態になったのはとても滑稽でした。物を造る人の目にはしっかりと強い印象を与えていたのですね。この時以来、この建築家の方とは意気投合して仕事をするようになりました。初対面にもかかわらず前からずっと知っているような親近感が湧いて感動でした。

トンネル入口部
の眺め

トンネル内部の眺め

上部から見える環状八号線のモニュメント

あづま運動公園中央広場モニュメント計画

竣工：1994年6月
発注者：福島県
全体設計：(株) カーターアート、**アート・プロデュース**：菊池幸三郎・(株) ウオーターデザイン、**デザイン**：諏訪恵里子

この公園は福島国体のために全体計画が進められました。モニュメント部は皇太子様ご成婚で特別予算が付いたものです。コンペティッションという参加スタイルだったため私も参加。結果、この計画が選ばれました。

【コンセプトおよび銘板の内容】

(銘板とは30×40㎝くらいの板で造形の何処かについています。造形意図と作家の名前、竣工日などが記されます。)

新世紀への鼓動＝beat for tomorrow

広場の愛称：ビート・ヒル＝鼓動の丘

このモニュメントは、福島県民の感性ある心のエネルギーの象徴として誕生した。造形は、県民スローガン「うつくしま・ふくしま」を基本とし、「参加性・創造性・発見性」を内包する。

中央の球は、スローガンの心を表し、有機曲面体及びこれから噴き出す水は、エネルギー・発信・はばたき・上昇・透過などを意味する。三つ環は優しさを表現すると共に、県の三つ（浜通り・中通り・会津）の異なる「地域・文化・歴史」の統合、県の新世紀プラン、またスポーツの精神である「心・技・体」などを意味する。さらに、三つ環断面からの噴き出し水は、下の池に注ぐ水の根源であり、県民の力強い生命力を表している。

愛称「ビート・ヒル」が、明日に向けどんな鼓動になるのかは、県民一人一人の心と共にある。

【啓示の内容】

「この地には古代縄文文化の記憶がしっかり残っていますよ。現代は精神の腐敗が凄まじい。日本古来の精神文化を見直すチャンスを提唱しなさい。近い将来この地は物申す。「太陽・月・地球」の宇宙関係、「魂・心・体」の三位一体、その統合と重要性を表現しなさい。地底からのエネルギーと宇宙エネルギーとが交信できるようにしなさい」でした。

【デザイン意図と説明】

造形は国産大理石（アラレ）の原石そのままと、その加工石とを基本に仕様しました。三つの環のそれぞれは地中を通り、切断部分は水で繋いでいますが、人それぞれが創るイメージの参加を促しました。光と水と音そして造形の競演。三つの環をまとめる球（心）と光ファイバー点発光の曲線部にて時間差で天に波動を送るような計画にしました。

夜と昼の顔が異なり、ぐるり360度プラス上空からの眺めは一面も同じ顔がありません。鮮やかなモザイクタイル部は決定されたロゴマークを使用、上空からの見え方は地上絵のようになります。コンピューター使用により、暗くなると造形に光と水と音が連動、宇宙的ショウタイムがスタートします。

竣工後は恋人たちのデートスポットになったとのことで、愛の波動も加わっていたようです。

【エピソード】

その1

国産の大理石を使用したくて、山口県の石切り出し現場（山）まで出向きました。発破の時に出来たままの原石の固まり数点と加工用を予約。この地もかつては日本建築材石の場として活躍していました。しかし、人件費の安さなどから外国産の石が多く流通し、この当時も歯磨き粉にしか使われなくなっていました。私はここで働く方々に完成予想の説明をしました。皆、輝く目を向けよろこんでくれました。工事は進み竣工を迎えました。すると、山口県から福島県の現場まで「僕たちの石がどのように出来上がったのか、実際に見に行こう」と皆で訪ねて来て下さったのです。これには、私や私たちスタッフの方が感激してしまいました。

その2

竣工後、福島国体の開会式が行われる前のことです。目がご不自由な方々の団体がモニュメントの広場を通りかかりました。説明を受けてらしたのですが、一人の方が「触ってみたい」と言い実際このモニュメントの一部に手を触れました。すると「これは相当大きな形ですね。凄いエネルギーがありますねー」と興奮気味に言ったのです。その後、他の方々も次から次と触れては「本当ですねー」と言い合っているのです。私はちょっと遠くからその場の光景をそっと見ていました。「こんな感覚で喜んで頂けている」と涙が溢れて止まりませんでした。

その3

3月11日の震災時も破壊されず無事であることが分かりました。アンシンメトリーな造形ですから構造には神経を使いました。無事だったことは喜べるも、何かとても複雑な心境です。「どうか強い復興への力を」とエネルギー波動を送り続けていますが……。

側面からの眺め

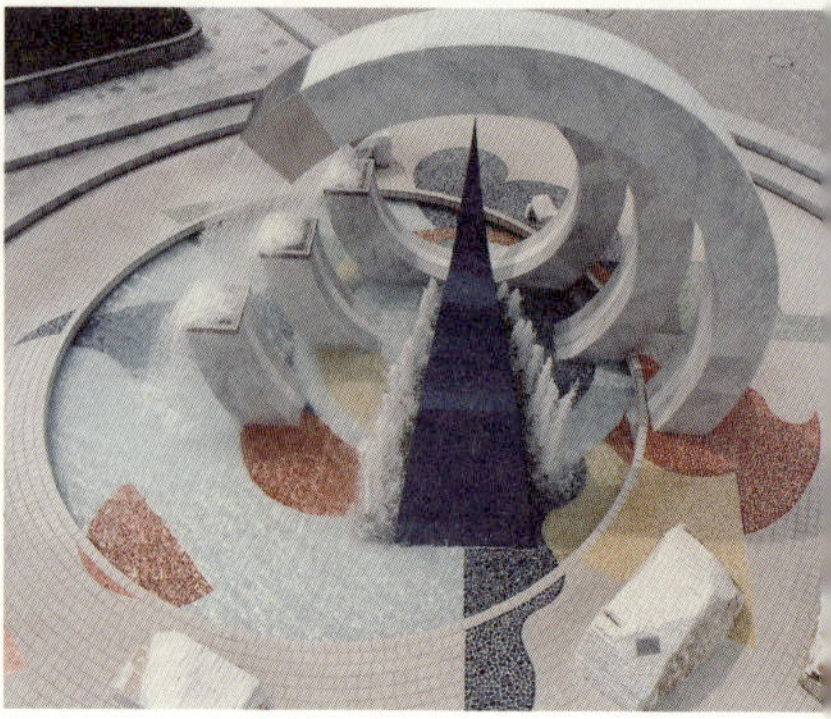

上部からの眺め

ライトアップされた夜の眺め

正面からの眺め

静岡大橋計画

竣工：1992年10月（片車線）・2007年3月（全車線）
発注者：静岡市
全体設計：（株）千代田コンサルタント、
アート・プロデュース：菊池幸三郎、**デザイン**：諏訪恵里子
計画範囲：歩道部・高欄部・防護柵・親柱・照明柱&照明・
橋体部

安部川に架かる全長約一キロの橋で、ＪＲ鉄橋道と東名安部川橋との間に位置します。市政百周年事業の一環として架けられました。１９９2年に片側車線のみ開通で対面通行でした。予定では二年後が全線開通の計画と聞いていました。ところが実際は15年後の２００７七年でした。いろいろな問題があって遅くなったようですが、十五年の時の流れ

は状況も変えてしまいます。胸を張れたのは、以前創造したすべての造作物に劣化や破損がなく、15年後に同じ造作をしても、一対としてしっかり全線開通に耐えうることでした。残念だったのは滑って危険だ、といって歩道床のアート表現をペンキで全部塗りつぶしていたことです。これには愕然。全開通の工事のおり、主要部のみそのペンキをはがし、表情が現れるような方法の滑り止めをしました。

【コンセプトおよび銘板の内容】

河の上の劇場：ギャラクシー（upriver theater：galaxy）

この橋は機能だけの概念で考えず、人を主体にした「創造性・参加性・発見性」を内包する大きな立体空間、「河の上の劇場・ギャラクシー」としてとらえました。

ここを行き来する人はそれぞれが皆主役。車や自転車は小道具。空や自然の陽が創りだす光と影、そして富士山を含むパノラマは壮大なバックセット。水音・風音・鳥の声はバックミュージックです。

橋の愛称はコンセプトと同じ「ギャラクシー＝銀河」。目に見えない市民の精神部分やエネルギー、ロマンなどの意味が詰め込まれています。明日に向けて、どのようなストーリーができあがり、どのようなメッセージを発信してゆくのかは、静岡市民ひとり一人の心と共にあります。

【啓示の内容】

「富士山は日本の中心であり世界の中心ですよ。波動のトンネルを創りなさい。そこから日本の東へ西へと噴き出す通路にしなさい。地低からのエネルギーと宇宙からのエネルギーが交信できるようにしなさい。地底からの出入り口を富士山側に一カ所創りなさい。橋の下やその河辺は人の目から事実を包むことできます。必要です。必ず」でした。

今振り返ると、「日月神示」的な要素や「宮下文書」的要素も含まれていたのですね。西サイドからだと富士山が左前方に見えます。

【デザイン意図と説明】

コンセプト「河の上の劇場・ギャラクシー」を基本にデザインを発展させました。又、この橋は富士山を含む壮大な周辺環境の中に位置するため、特にこの大自然との調和と共生を、考え方の中心に置き、全体を有機曲線で構成した大きな立体空間としました。さらに、市民の精神部分やエネルギー・ロマンをギャラクシーに象徴させ、細部の具体的表現へと繋いでいます。人を主体に精神性を内包した造形空間として、世界の何処にもない、静岡市の心のシンボルになるような、そんな橋を追求しました。

・細部のデザイン意図と説明です。

◎照明柱

＊約35度に振られた円形とし、水平ベクトルの床板を筒状に包み込み、重厚さと安定感のある立体空間を創造した。

＊円形の上部と下部の切れて繋がっていない空間は、参加する人それぞれがイメージの中で、自分だけの心の輪を創りあげる。

＊この円形の照明柱は、走行するドライバーに、輪をくぐり抜けることによる心地よいスピード感を味わって頂く。又振られた輪が額縁となり、大パノラマが輪切

りで変化するために、新しい発見もある。
＊夜の全景は円筒立体が闇に浮き上がり、神秘性が加わる。

◎親柱
＊威圧感を与えないため左右の高さを変えた。
＊高い方は、橋までのアプローチが急勾配な坂道のため、通過する時の道標として安心感を与えられる高さ（5m）にしている。
＊親柱としてだけではなく、大自然の中でのお洒落なブローチ的役割を持つ。又、市民のエネルギー発信をするモニュメント（メッセージ・ロケット）としての役割も担う。

◎高欄・中間柱・バルコニー・歩道
＊全体は有機曲線でデザインしているが、四季の時間帯による陽の光と影の変化を

取り入れている。特に、歩道面に映る高欄の影の変化は大きく楽しい。又、配色されたクラッシュタイルや割り石はきらきらと光り、陽の強弱によりその姿を変える。

＊バルコニーは大自然とゆったり会話できる特別空間で、両サイド合わせて6カ所。水平面のふくらみが側面にも立体感を加えて、重厚さと力強さを増している。

＊中間柱や歩道の造形模様は、コンセプトの象徴部分で、流れやかたまりとして表現。さらに、潜り込んだり噴出してきたりというように、切れている部分は、参加する人それぞれがイメージでこれをつなげる。表現材はオリジナルに焼き上げたクラッシュタイルを使用し、3パターンの混合配色で構成。

＊又、歩道の造形模様は、約1kmある橋の長さを感じさせないよう30mピッチに配した。上記の精神象徴を、雨上がりの水溜りとしても表現。飛ぶ・またぐ・よける等々、注意力を養いながら工夫して遊ぶことも出来る。

＊高欄（照明柱もだが）は近目と遠目では見え方が異なり、近くでは、その造形物の中にも宇宙空間の広がりが見えるような、立体塗装の方法で仕上げた。

以上、これら細部のデザインはエキサイティングで感性あるコンセプト、大きな立体空間「河の上の劇場・ギャラクシー」から生まれました。この橋に参加する人が皆、深い四季を感じ、ゆったりとした時間を感じ、現社会に不足がちな「自然と人」「人と人」の絆を再認識して頂けることを願っています。そして、静岡市から世界に向けて、明日を見据えた力強いメッセージが発信されることを期待しています。

【エピソード】

その1

私が意図した「創造性・参加性・発見性」が、橋を渡っている子供たちにしっかり伝わっていたことです。完成後しばらくして現場を見に戻りました。橋は東西に架かっていますので、朝日と夕日の違った顔が見られます。

その日は、朝日を浴びて子供たちが通学のために橋を渡っていました。歩道の影は朝日でできる影。子供たちはじゃんけんをしては進み合いっこしたり、ケンケンバーして進んだりと自分たちなりに遊び方を工夫して通っていました。

そこで私は「いつも、こんなふうにして学校行くの」と声をかけました。彼らは「いつもだよ。だけど、遅刻しそうになると、キラキラ光る水溜りみたいなのまで競争さ。次々あるからさ。」とキラキラした瞳で答えます。又「なんか橋の下の方から出て来てさ、この床流れてるようで面白いよ。それでさ、どこかへ消えるんだ。ね、見て見てほら」と造形部を指さしました。さらに「学校で遊んでいて帰り時間が遅くなるでしょ、夕方のは、今のと違って、影変わるんだ。途中に地球みたいな丸い球の腰掛なんかあるんだよ」。と説明してくれました。私は「この橋すごく長いね。毎日渡って学校行くんでしょ。大変じゃない？」。と聞きました。すると子供たちは「いや、楽しいからすぐ着いちゃうよ」でした。

その2

昨今、「静岡大橋で銘板のプレートを読み感動した」と新宿まで訪ね来る方がいました。私の名前でネットを検索して住所を見つけたとのことです。それぞれはこんなことを言っていました。一方は「いつも何気なく通っている橋でプレートを発見したんです！　読んでこんな考え方でこの橋は造られていたんだと感動してしまって。自分のその時の心情と共鳴する部分ありで、涙が溢れて止まらなくって！」、また他の方は「プレートを見つけ読んだ時、感性がゆすぶられ体が震えちゃって。この感動、友達と共有したくってコメントと写真撮ってＳＮＳで流したんです。そしたら全員から賛同返信ありだったんですよ」でした。目を輝かせて話してくださる姿に私の方が感激で目がうるうる状態でした。

ネット上で出会ったブログの一部も転載させて頂きます。「この橋が大胆な独創性を持った橋だと思ったのは、初めて渡った時の思いだった。以来、この橋を渡るたび橋の中央部にさしかかると、前方に富士山が見え素晴らしい景色が現れて来る。その清々しさに今日も一日頑張ろうとの気持ちにさせてくれる〝勇気と希望の架け橋〟だ。（中略）久しくこの橋のデザインがどうかという事は記憶の彼方に押しやれていたが、久々に早春の暖かさにつられて、自転車でこの橋を渡った時だった。橋のデザインに関するプレートを発見した。（中略）何気にこの橋を利用して来た一市民として、独特の感性でデザインされたこの橋を渡りながら、制作者の思いに共感と感謝の思いを持ちながら、明日への新な希望に向けて進んで行こうと思った」です。

一部略させていただきましたが〝ちょい悪おやじのつれづれ日記〟で書かれていました。この橋が〝地元の方々にこんなに愛されている〟という現実を知り、私の方が逆に大きな感動を受けています。

四季の時間帯による陽の光と影

東に向かっての眺め

銘板と出会える歩道部バルコニー

夕陽を背にした親柱大

竹の塚東口駅前広場計画

竣工：1992年4月
発注者：足立区
全体設計：共立エンジニアリング（株）、**アート・プロデュース**：菊池幸三郎、**デザイン**：諏訪恵里子
計画範囲：駅前全体（出入り口キャノピー・モニュメント・噴水部・からくり時計・照明柱と照明・バスシェルター・サイン全部・車止め・電話ボックス・案内板）

【コンセプト】
《笹舟と港》

モニュメント部・噴水部を合わせ「竹の塚の笹船」とし、駅前全体を「竹の塚港」とします。笹という言葉は竹の葉の意味も含みます。足立区自身、川に囲まれた区だという点、この笹で舟を作り、願い事をしては川に流して遊んだ記憶のある人も多いはずです。忙しく世知辛い世の中にあって、こんなロマンを積んだ笹舟を駅前　に浮かべてはどうでしょう。

噴水部のストーン部は舟の舵。噴水は人々の対話の象徴。又、この部分は人の悩みや悲しみ等を全て聞き漏らさず舟底にしまい込んでは浄化し、楽しさやすがすがしさに変えます。人と人が心の交換をするところです。そして、モニュメント部の大きく張った笹の帆先は、明日に向かう竹の塚の人々の夢や希望の象徴と考えて下さい。舵取りは、この舟に憩う一人一人になります。

【啓示の内容】

「太陽と月と地球」の宇宙関係の重要性を表しなさい。特にこの地は月の重要性を強調する必要があります。月との波動交換ができるように。」という短いものでした。

昔話にもある「竹取物語」が頭に浮かびました。ですから、笹舟中央部に創造した立体からくり時計を月との交信ポイントにと考えたのでした。

【デザイン意図と説明】

噴水部：帆を中心に人々の対話の広がりをイメージして、床面のタイルは波紋状のモザイク貼りとした。二つのリング状キャンドル噴水と直線的な霧状噴水を組み合わせ、夜間は光ファイバーや水中照明により、昼間と違った雰囲気をかもしだす。石のモニュメントは舟の舵をイメージし、噴水と一体化して、人々の対話の発信地とする。

モニュメント：笹の帆先をイメージした。明日に向かう竹の塚の人々の夢や希望の象徴としてとらえ、光ファイバーを組み込んで昼と夜の顔を持たせた。

からくり時計：笹舟に積まれたロマンの一つと考える。笹や竹から連想する昔話（竹取物語）を未来型にデザイン化し、21世紀のかぐや姫とした。4本の竹の内、3本にはかぐや姫と二人の従者が組み込まれ、時を告げるチャイムと共に登場する。「竹の塚の笹舟に積まれた竹の中には、未来から降りてくるかぐや姫がいる。毎日市民と対話しては未来へ帰って行くという」そんな話題が生まれるようなスポットとした。音に対してはシンセサイザーで構成し、キャラクター達の姿と共に未来型としている。演奏時間は3分。竹の節が捻れたり戻ったり、枝が出たり引っ込んだり、2キャラクターの登場は竹節が持ち上がり、かぐや姫はドアー状にパカッと開きせり出してくる。立体からくり時計は日本では初めてとのことで、制作元は仕上げに苦労したようでした。

照明・照明柱：アイランド照明はからくり時計と連動、その一部とする。

全体照明：仕上げはからくり時計と連動。上部より均一にひどく明るくし過ぎるのではなく、下方から・上方から・横からというように、メリハリを持たせた照度配分とさせている。（御影石ベンチを点在、そのいくつかはくり抜いたフットライト形式・庭園照明も目線下の光）キャノピー・案内板・バスシェルター・車止め・サイン・ゴミボックス・電話ボックス等に対しても、全体コンセプトよりの基本デザインイメージを守って頂くと共に、カラーリングに対しても指導させて頂きました。

〈悲しい経過〉

竣工当時は音を（風や光音）のようにしましたが、「寒い」という一部区民の苦情で作り変られました。又上部の時計に対しても「見にくい」の一部区民苦情で何ともない普通の時計型に変えられました。納得し創られた意図なのですから説得するべきだと思いますが。

【エピソード】

その1

役所から、「子供たちが噴水部の造形を滑り台にし、噴水の噴き出し口をふさいで遊んでいる。また、からくり時計の突き出してくる枝にぶら下がったり危ない。事故が起こると困るので池を埋めてくれませんか」のような連絡が入りました。市民のお金を使い創りあげた造形です。説明や説得をするべきであり、少数の人の行動ですぐ「壊せ」はありません。

私はスタッフに一週間現場に張り付いてもらい状況を調べてもらいました。すると、悪さをするグループが二組いたのです。一組が十人くらいでそれぞれにボスがいました。仮にA組・B組とします。それぞれは異なった日に来ては悪さをしていました。そこで、スタッフはそれぞれのボスと対話をしたのです。スタッフは「あなた達が悪さをするんで、役所から池を埋めてくれと言われているんだ。あんたたちどう思う。」と意見交換を始めました。Ａ組ボスは「新しい駅前は好きだよ。埋めるのは良くないよ。」、で、Ｂ組ボスは「今の駅前の方がずっといいよ。埋めるのだめだよ。」でした。スタッフの「ならさあ、いたずらしないでくれるかい」に対し、Ａ・Ｂのボス共に「わかった。ここは僕たちが守るよ」でした。

対話をした次の日にスタッフと私は現場に行きました。すると彼らは、自分達で作った注意書き紙を、いたずらしていた色々なところに貼っていました。それと共に、「ここ危ないから触れるな」と実際の声かけもしていました。自発的に自分たちでこの広場を守り始めたのです。

完成後は役所の管理になります。一部の苦情やいたずら等に対して、対話もせず「即壊せ」「即変えろ」は役所自身、心が不在です。この場合は竣工して時間経過が新しい内に入った情報だったので私なりの対処ができました。しかし、時間経過が長くなりますと、何の連絡もなしに一部を壊したり変更したりしてしまっていることがあります。計画はバランスの中に構成していますから、どこかかけても意図したエネルギーは減じます。管理者側の感性の磨きは強く願いたいところです。

その2

最近になりこの広場を訪ねる機会がありました。高架変更で駅は大幅な工事が進行している状態でした。広場は道路拡張のため笹舟の帆先は無くなっていたけれど、その他の造形たちは皆健在。特に笹舟の中央部に〝月との交信〟として創造した立体からくり時計も健在でした。でも、この時は作動もせずの停止状態。私は「暖かくなったら笹舟の舵がある池に水が入り噴水も動き出すのかしら、カラクリ時計も動き出すのかしら」と思わずつぶやいていました。

完成時から長い時間がすぎて環境も変化している訳ですから駅前の空間も変化するのは仕方無い事ではあります。私は久し振りに会えた造形達一つ一つに触れ廻りました。「現役でいられる間はしっかり役割を果たしてね。元気で過ごすのよ」とエールを送った次第です。

上部より駅前広場全景の眺め

立体からくり時計

厚木中町地下広場計画

竣工：1992年7月
発注者：厚木市
全体設計：日本技研開発（株）
アート・プロデュース：菊池幸三郎、**デザイン**：諏訪恵里子

【コンセプト】

《中町銀河広場》

日頃見えずに気づかないけれど、流れている（生きている）銀河が忽然とこの広場に姿を現します。壁の一部を透過して入りフロアーを流れ、違う壁面からどこかに消えて行きます。ここに集まる人は皆輝く星々の一つ一つ。中央のモニュメントは惑星。水・光・影・

モザイクタイルが織りなす銀河は、厚木市民の心の集合であり、未来へのエネルギー象徴です。

【銘板の内容】

《中町銀河広場》

宇宙の神秘を追う光。超大な愛の流れ。この広場が、集う人々にとって新しい明日を創造するエネルギーとなり象徴となれば素晴らしい。あとに英語訳が加わります（厚木基地があるため）。

【啓示の内容】

「外宇宙は人の中にもありますよ。人も物質も周波数を変えれば壁や床など簡単に抜けられます。心は銀河宇宙より広いのです。」短いものでしたがやはり表現には悩みました。

【デザイン意図と説明】

テーマは水と光と風（地上部）

広場は小田急本厚木駅からバスセンターまでの延長線上にあり、大型店舗の出入り口に繋がります。地上のすでに設置されている文化的オブジェ（風をテーマ）を取り込み、地下・地上を繋ぐ街全体の一立体空間としてとらえます。空間は安らぎや潤いがあり、心が豊かになるような個性的でユニークな創造をします。

床・壁は同素材で統一し、宇宙的広がりを創造。太い構造柱の一本をモニュメント化。光と音を伴った惑星が銀河中心に現れたようにします。落水は湖水と交わり、光の当たり具合で神秘的に動きます。モザイクタイルで表現した銀河の流れは壁から忽然と現れ、床を流れ、中央池を取り囲み、さらに床を流れて違った壁に消えて行きます。ショーケース郡も惑星の一つ一つととらえました。

もう一本の構造柱はステンレス板鏡面仕上げ。機能柱としての存在を無くすべく、その面への映り込みの楽しさが空間全体と一体であるよう心掛けました。

モザイクタイルの流れは「渡る」「またぐ」などの楽しさに加え、前進している自分を感じることもできる触の参加空間になります。

この空間はギャラクシー。「市民の心の集合が、未来に向かって力強いエネルギーを発信してほしい」との思いを込めて創造しています。

〈完成後の残念な経過〉

2015年現在、この空間は壊されフラットにされています。何が理由でそのようになったのかはわかりません。竣工後は役所の管理になります。いつの時点でなぜこのようになったのか、確認は取っていません。私には何の情報もなく消えてしまった空間の一つです。

【エピソード】

計画は決定しましたが市の予算が足りませんでした。そこで、私達は、駅からのこの地下通路出口に位置するビブレとパルコの両店舗に協賛をお願いしました。両社は〝同コンセプトの基、同じ空間として各店舗のショウウインドウをアート化する〟という提案に賛同して下さったのです。おかげで両店舗の空間アートも含む大きな一体空間の誕生に繋がりました。環境計画は地元の方々の協力を得ながら進めるケースは多く、この空間も両店舗の理解で完成に至った例の一つと言えます。

完成時、工事関係者におけるお疲れさま会が計画空間で行われました。計画プロセスの段階で、市の担当者は「これ完成した時、感謝をこめてこの池で泳ぐよ」と公言していました。池の水は水深30cm位です。皆「冗談言って！」と笑い飛ばしていたのです。しかし、当日、本当に実行したのには一同驚きと感激で大拍手の嵐でした。こんな破天荒な感謝表現に出合える時、私自身、宇宙を包含するような大きな幸せでいっぱいになります。

広場中央モニュメント

鉾田橋修景工事

竣工：1994年1月、
発注者：茨城県
全体設計：三和コンサルタント（株）、**アート・プロデュース**：
菊池幸三郎、**デザイン**：諏訪恵里子
橋長17・21m、**計画範囲**：歩道部・高欄・防護壁・親柱・照明
柱・照明

【コンセプト】
《鉾田のおへそ》
鉾田橋は町の中心に位置します。また、鉾田橋は古き昔、地場生産物の集積地として交

通の要でした。川幅はそれほど広からず、人々の生活に密着して今日あります。橋長は約十七メートルと短いのですが、渡す・結ぶという機能以外に町のポイントとしての意味合いが強くあります。

たとえれば、ネクタイ鉾田川の愛らしいタイピンと言え、鉾田町未来創りの重要な〝おへそ〟として誕生します。

【銘板の内容】

鉾田橋愛称：〈鉾田のおへそ＝ホコタ・ネイヴル〉

鉾田川は、古き昔、産業の集積地として交通の中心であった。清き流れは町民の流れをうつす鏡であり、生活に密着して今日ある。鉾田橋は町の中心に位置し、〝渡す、結ぶ〟という機能と共に、歴史的背景から見ても町のポイントとしての意味合いが強い。「おへそ」は身体の中心、そして、誕生の原点である。愛らしいこの橋も又、鉾田町未来創りの新しい「おへそ」として息づき始める。

【啓示の内容】

「鹿島神宮と香取神宮の要石エネルギーは地中で繋がっています。ここは吹き出しの一つの場所。また、惑星からの波動吸収の場所でもあります。地底と宇宙とが交信できるようにしなさい。」でした。

2社ともに国譲りに尽力した神が祭られていて、西に繋がるレイラインの東に位置します。要石が地震を抑えているなどの神話がある2社でもあります。考え込みました。計画の依頼は、ペルーのマチュピチュやチチカカ湖などインカの旅を終えて帰ったばかりのタイミングでした。

【デザイン意図と説明】

コンセプトは「おへそ」です。宇宙からはへその緒に繋がれ誕生します。宇宙感をモザイクタイル仕様にて表現。親柱はスパイラル・アップの造形とし、この地や人の心が持つエネルギーの発信と吸収を表現しました。又同時に、宇宙との交信の役割も持たせています。高い一つは発信専用、低い一つは受信専用です。歩道部の全体は太古の記憶を持つ自然石アート仕上げ。モザイクタイルの流れは突然現れ親柱を巻き込み、地上を繋ぎ、橋の地底深くに潜り込みます。地底で大きな循環対話をして地上に返すイメージを創造しました。

【エピソード】

その1

工事完成が見えて来まして、最終チェックはクリスマス・イブになってしまいました。私は密かにシャンパンを用意し、鉾田川に吊るして沈めておきました。チェックも終盤、とどこうりなくＯＫになりました。の瞬間、沈めていたシャンパンを引き上げ、用意していたコップ（紙コップですが）に注ぎ工事の皆さんに配りました。「メリークリスマス。そして、完成ありがとう」と皆で乾杯です。私は見えない啓示の君とも乾杯でした。

後で知ったことですが、「仕事していて、現場でこんな情景初めてだ」と工事に関係した皆が感激していたとのことでした。私が日ごろ心掛けている「心の和」創りを感じて頂けた嬉しい瞬間でした。

その2

橋開通式の時のことです。マイク無しでスピーチをすることになりました。式には多くの方が見えていますので、かなり大きな声で話す必要がありました。まあ、私自身、それなりに大きな声を出しましたが、ボリュームいっぱいで話す難しさを痛感した次第です。随分昔になってしまいましたが作家の三島由紀夫氏が市ヶ谷で切腹した事件がありましたね。私はこの時の状況や彼が自衛隊員の前でマイクを持たずに演説していた映像などを思い出しました。彼の持論は「マイクを通すと本質が変わる。本当に人を説得できるのは生声が届く範囲で行う必要がある」だったのです。状況や目的は天と地ほど違いますが、私には彼の言わんとしていたことが少しだけ理解できたように思えた時でした。式が終わった後、「先生スピーチ良かったですよ」、「結構後ろの方にいましたけれどしっかり聞こえていましたよ」との報告にホットしたものです。

親柱小の眺め

銘板と出会える中央部

親柱大の眺め

ヒルズ・アスパイア新築工事計画

竣工：1995年3月
発注者：横浜市住宅供給公社、**アート・プロデュース**：菊池幸三郎、**デザイン**：諏訪恵里子

【コンセプト】

計画地は、これから出来て行くだろう新興住宅地の入り口部に位置し、ゆとり層を対象としているように感じる。

建物を含んだ全体を「呼吸する丘＝ブリーズ・ヒル」としてとらえ、それぞれのスペースを言葉イメージ（ようこそ・出会い・遊び・歩きなど）にて分解し、具体的造形への表現とする。

日常環境に、さりげなくホットなアート空間を取り入れることは、住まう人の精神的感性を内包した、厚みある「呼吸する丘」の誕生につながる。

【啓示の内容】

「今の子供教育は情操性をつぶしている。ことを深く感じ取り自分なりに判断することをもぎ取られている。表面的な暗記能力だけを吐出させるのはロボットに近い。イメージの広がりもない。だめだ。生まれる前の宇宙の記憶が蘇るようにしなさい。地底と宇宙間の交信ができるようにしなさい。」でした。

【デザイン意図と説明】

各造形はそれぞれが独立するのではなく、空間全体で一つの流れを形成、一体感を持たせています。又、参加性・想像（創造）性・発見性を内包します。造形に見る参加とは、眺めるのみに留まらない、触れる・座る・まつわる・登る・踏むなどを指します。想像（創造）とは、地中・大地・空中を統合した厚みある空間に人の思いを加えることです。潜って見えない部分や切れて繋がっていない部分を、人それぞれのイメージで完成させることです。発見とは、立つ位置により異なる額縁が生まれますが、その中に人それぞれの新しい景色を見つけることです。又、日ごろあまり意識していない自然界の風や陽や影などを強く感じ起こすことです。

各造形の流れは、メインエントランス部の輪（＝微笑む見守り人）、曲面体（＝親切な案内人）、中庭の楕円フロアー部（＝ハートの泉）、丘と五つの輪・球（＝情熱の力・五感の呼吸と蘇生、サブエントランスの三角錐造形部（＝明日への発信）、フロアー全体の流れ（＝時の川）です。特に三角錐造形部（＝明日への発信）は交差点という周辺環境におけるアイキャッチャーの機能を有すると共に、メインエントランス部の輪の造形に向けた一体性の強調でもあります。

この「ブリーズ・ヒル」がどのよう呼吸をするのか、それは、ここに住まう一人一人の心と共にあります。

〈完成後の寂しい経過〉

三角錐造形部は公共歩道部に創りました。市より許可を得ていました。しかし、一部の住民からの「歩道が狭くなるから壊せ」の苦情があったとのことで、一部を壊されてしまいました。本来の造形意図から鑑みます時、全体で考えていますので、エネルギーの減力となります。対話での努力がなされなかった、とても残念な経過の一つです。

中庭から交差点方向を眺める

中庭の眺め（丘と５つの球と輪）

中庭から主要入口部
を眺める

上部から中庭を眺める

本厚木駅北口広場改修工事計画

竣工：１９９５年７月
全体設計：（株）相信設計、**アート・プロデュース**：菊池幸三郎、**トータル・デザイン**：諏訪恵里子

【コンセプト】

この広場は本厚木市の玄関であり、様々な人々が忙しく交差する〝時〟の交差点でもあります。広場には、すでに年輪ある木々や時代の変化を共に生きて来た像などがありましたので、現状を大切にした改修を基本にしました。計画は、交差点（車道部共）やその歩道部を含む駅前全体を広場と考え、この全体を「ハートいっぱい広場」という新しい概念で括ります。自然素材（自然石）を基調にした〝心にやさしい〟解放空間創りを目指しま

した。

【啓示の内容】

「地底と宇宙の交信の場所を創りなさい。地上絵のように上から解るようにしなさい。何億年かの記憶を蓄積した岩石から、エネルギーを別けてもらいなさい。」でした。

日本産無垢石とアイダホ産石をミックスして使用することにしました。ロッキー山脈のエネルギーもプラスしようと思ったのです。

【デザイン意図と説明】

造形は大きく分けて五つの特徴を持ちます。

Ⅰ　床石はアメリカ・アイダホ産の自然石で大小三色をデザイン配置。南北を施工軸として、歩道部にも仕様しました。

Ⅱ　タクシー床のピンコロ石は、円形を成し車道部にまで及びます。これは現状の像を移動することで、その台座ともなります。一方、車道も広場の内という考え方のため、車には遠目に駅前を意識させ、〝歩行者に優しく〟を優先させる計画の発展でもありました。（＊この試みは神奈川県警の理解と協力のおかげで実現しました。）

Ⅲ　車止めの御影石は、切り出し状態にあまり加工せず、高低差をつけて配置しました。機能以外に石彫郡として楽しんでほしいものです。

Ⅳ　照明柱やシェルターのデザインに大理石を使用。金属とムク石の調和が、単素材だけでは出てこない良さを引き出し合ってくれました。又、高低差ある配置からは、異なった表情の語らいが聞こえてきます。

Ⅴ　目線下のサイン・サークルを設けました。形や大きさの異なるサインを一カ所まとめ（ゾーンとし）、視界を解放させせました。

全体に石の割合が多いい計画となりました。石それぞれが持つ豊かな気質に、無垢石が放出するエネルギーや暖かさが加わり、「人にやさしい空間」が産まれた様に思います。

この広場が、木々・鳥たち・風・陽等々のハートで、人々のハートで満つる時、その集結された熱は、厚木市の明日に力強い放射を始めます。

上部から広場を眺める

照明柱とサインサークル部の眺め

宇都宮図書館・コミュニティーセンター・アート計画

竣工：1992年7月
発注者：宇都宮市
全体設計：（株）梓設計、**アート・プロデュース**：菊池幸三郎、**トータル・アートディレクト&デザイン（ホワイエ前テラス空間・エントランス風除壁）**：諏訪恵里子

建築本体に加え七カ所のアート空間が計画されました。全体のアート空間を全体コンセプトでまとめ、各空間のゾーン・コンセプトへと発展させて行きました。それと共にディレクトも行っています。自身の他に六人のアーティストを選択、コンセプトを理解して頂き作業を進めました。平面の作家には絵画のみ提供して頂き、普通のように額に飾るので

はない、空間と一体化した独自性を追求しました。

【コンセプト】

トータルコンセプトを《宇都宮の心》としてとらえ、その愛称をイタリー語の（パピール＝瞳）とした。心が内包するさまざまな感性が、これらアートに触れ参加することで、市民一人一人の中に芽吹き、明日を創造するエネルギーになれば素晴らしい。

【啓示の内容】

「この地は太古縄文の記憶が濃い。日光連山からの強い光も入っている。地底からの出入り口を創りなさい。地底と宇宙との交信ができるようにしなさい。大太鼓が鳴り響くような音（光）を共振させなさい。」でした。

宇都宮は大谷石の採掘や遺跡などあります。地層は海底土砂の堆積・軽石層・関東ローム層などでできています。名前が「宇宙の東の宮殿」。背に北部山、平地は豊富な水源を配す天然の要塞。など分解に使用しました。

【デザイン意図と全体説明】

この建物は「大地」から生まれ、「発見・創造・未来」という時間軸と「開放・防御」という時間軸の交点に位置しています。アート部は、人を大切に将来を見るこの建物の全体コンセプトに、厚みや深さを加えるべく、人それぞれが持つ心を切り口としました。トータルコンセプトは《mind of utunomiya= 宇都宮の心》。それぞれのアート部をゾーンごとにくくり、心が内包するさまざまな感性の語一文字の集合にて分布、更に、日本独特な語一文字が含む意味合いの深さを、イメージの言葉に広げてアートそれぞれの表現につなげました。

将来、現在組み入れたアート以外に「何かをこのコーナーに」など思う時が来ても、一貫した大きな流れを見つめれば逸脱しない選択ができます。又、従来の「額に架ける・置く」など単独で眺めるにとどまっているアートを、ここでは建築空間と一体化しました。絵であっても床や天井も巻き込む立体空間の中で想像の広がりを追求しています。

ここに集う人々はアートへの参加者です。触れて何かを思い出すや、未知との遭遇などあれば最高です。創造して行くプロセスの中にも多くの心が集合しますが、出来上がった後、どんなふうに育てて行くのかは、宇都宮市民一人一人にかかっています。イタリア語で〝パピール＝瞳〟がアート全体の愛称。いつまでもキラキラした瞳でいるように、大切にかわいがってほしいと思います。

【細部のデザインと説明】

［トータルコンセプトからゾーンコンセプトそして作品への流れ］

七か所のアート計画空間に対して

Ⅰ　ホワイエ前テラス空間……造形作家：諏訪恵里子

〈ゾーンコンセプト〉〝甘・認・妙・華〟……純粋で大きな愛を飲み込む。不思議な力が次々と想像の華を咲かせる。超大なエネルギーの集合と拡散。純粋で大きな愛の光が明日を予感する。（タイトル：夢紫光）

このテラス部は大集会場や舞台のあるホワイエに接します。新鮮な感動や触発された気持ちの余韻を持ちつつ立つでしょうここは、建物全体の中で最も心がうごめく空間かもしれません。レリーフ大理石の渦は、こんな人々のエネルギーの集合と拡散。パープルの光は日本だけに留まらず、世界に向けて放つ、宇都宮市民一人一人の愛の象徴です。

Ⅱ　エントランス防風壁……デザイン：諏訪恵里子

〈ゾーンコンセプト〉〝希・夢・興・進〟……期待を持ち、ちょっと興奮ぎみな心をさりげない自然の流れがノックする、透明な夢を、はにかみな希望をさりげない自然のかおりがノックする。（タイトル：波紋）

Ⅲ　エントランスホール……デザイン：諏訪恵里子、参加画家：今村幸雄

〈ゾーンコンセプト〉〝活・激・熱・豊〟……内部に燃える激しさ熱さが宇宙に溶ける。錯乱と魅了と誘惑の世界の中に、精神と物質との緊迫した対決と融合を見る。（タイトル：ブルー・コスモス）

大空間にポイント的効果をねらう。一般的な「絵を壁に飾る」という概念を外す。絵画は空間との調和を計りグリット状連続とする。訪れる人の心のシャワー空間であるエントランスホールは、そこに相応しい絵画創造とする。観るだけでない参加する空間とする。

Ⅳ　レファレンス（化学情報コーナー）・閲覧室・視聴覚室……デザイン：諏訪恵里子、参加画家：伊藤紫紅

〈ゾーンコンセプト〉〝驚・鋭・求・重・探〟……深く鋭く求めようとする欲望に限界はない。見えていない空間の中に一つ一つ鍵を見つける。宇宙と人との深淵な結びつき。物質世界と精神世界を統合した宇宙生命の中の響き。

形なきものの中の形を追う。（タイトル：見えないムーブマン）

和風的（白黒の墨画）との調和を計る。一般の額の概念ではなく、墨宇宙が立体空間に広がるような創造をする。

Ⅴ　レファレンス（化学情報コーナー）・閲覧室・視聴覚室階段吹き抜け空間……デザイン：諏訪恵里子、参加作家：ダニエル・ポムロール

〈ゾーンコンセプト〉〝驚・鋭・求・重・深〟……深く求めようとする欲望に限界はな

い。見えていない空間の中に一つ一つ鍵を見つける。瞬間を裂く光、際限のない時に響くこだま。（タイトル：時の計らい）

坪庭的空間が大きく豪華に見えるよう、作品は目線より下で構成。特殊ガラスで創作された神秘な光を放つ作品を自然石の上に設置、ショウケースの中に飾られた宝石のように創造。

Ⅵ　外部エントランス空間……参加作家：1）倉田光太郎、2）高野勝

〈ゾーンコンセプト〉〝遊・輪・幸・期・涼・生〟……笑いあり楽しい語り合いの声が交差する。新しい出会いをし、発見をし、何か幸せを感じる。ぶつかり合って大きなエネルギーの輪が生まれる。そんなストーリーができそうな……。（作家1）モニュメントのタイトル：連環、作家2）給気塔部のタイトル：微動）

Ⅶ　視聴覚室・スタジオ・LL教室・教材保管室……参加作家：児玉由美子

〈ゾーンコンセプト〉〝探・未・予・遭・透〟……未知への探検、明日への予感が提示するインパクト。過去・現在そして未来を統合する。

（タイトル：天界へのシンフォニー）

【エピソード】

その1

工事完成時、市の担当の方々と〝お疲れさまミーティング〟をした時のことです。白熱したのが〝純粋アートとデザインの違いについて〟でした。この同時期、都庁の移転で岡本太郎氏の作品を壊すか移転するかが話題になっていました。有楽町の旧庁舎の内部階段室壁面には氏のレリーフがありました。市の一人が「諏訪さんはどう考えます」と聞いてきたので、次のように応えました。

「環境造形って、その空間に合うものを創造するんです。私ならば壊すことに賛成しますね。岡本氏も旧庁舎に合った作品を創られたのだと思いますから、新しい都庁に持って行っても喜ばないと思いますよ」でした。

議論はさらにヒートアップ。市の他の一人は「純粋アートの作家は自分のみの表現で終始できる。しかし、デザインの場合はいろいろな条件が加わる為、総合して創り上げなくてはならない複雑さがあると思う」。また、他の一人は「純粋アートは自己中心でも良いけれど、デザインは依頼者の意見も聞く必要があるから難しいと思うね」等々多くの比較論で盛り上がりました。

しかし、最終的に一致したのは「どちらにしても感動があるならば、同じアートと言えると思う」が結論でした。

最後に市担当のお一人がこんなことを言ったのです。「環境のアートは特に自然現象とのかかわりも深いですね。もしも、壊されてしまったら、私は諏訪さんの作品のかけらを拾って大切にします」。この言葉に、私はもちろんですが同席した皆、感激してしまいました。

その2

工事は冬の寒い時期でした。デザイン管理で現場に張り付いたのですがスキー用オーバーパンツ着用で完全防寒スタイルでした。

打ち合わせ後工事が始まりました。翌朝現場に行きますと石の張り方が自分の考え方とは違いました。すでに仕事は進んでいましたが、一度壊すよう指示して自分の意思を強行したのです。

この石の工事は日本の石世界では大御所の一人である大先生が受けて下さったものでし

た。お年は私の父くらいだったでしょうか。しかし、「造り直し！」で先生の部下はえらいご立腹。喧嘩口調で言い争っているさなか、そこに先生が現れました。先生は静かに「諏訪さんの造形なのだから言うように変更しなさい」と一言。私自身、石に対して詳しい訳ではありませんでしたが、一生懸命の最中で精神的ゆとりもなく、自身のイメージを貫いただけでした。後で考えますと、先生の人としての大きさがなせる一言だったと思えます。

時は過ぎ、先生が入院されたと聞き菊池氏とお見舞いに行きました。しばらくぶりにお会いする先生はことのほか元気そうでした。ところが突然「よく来てくれた、僕の人生での先生は諏訪君だけだった」と泣きながら言われたのです。言われた私は解読不能でうろたえてしまいました。病室には奥様もいらしていて、この奥様もうなずいているのです。私は「エ～、先生頭おかしくなっちゃったのかしら」と疑ったくらいでした。

後で菊池氏が解説してくれました。「先生は超エリートの経歴で自身も素晴らしいことをやられて今日まで来た人。尊敬を受けるのは当然の人。でも、その先生に自分の意思を強烈に伝えた人は諏訪さんだけだったんだよ、きっと。アーティストとして、又、人としても認めたんだね」でした。

今は天国に住んでおられるのでお会いすることはできませんが、造形が出来上がるプロセスにはこんな出来事も含まれているのです。

その3

エントランスホールは作品を壁面だけでなく床面上にも創造しました。打ち合わせの時、「床に絵画なんて踏みつけられて画家に失礼ではないのか」、「床の絵画なんて観ないよ」「床は移動する場所だから止まらないと思うよ」など否定的な意見が多く出ました。

しかし、オープン後の状況を観ていると、水溜りをよけるように絵画のフロアー部を踏む方はいませんでした。むしろ多くの方が絵の鑑賞視点を変えるなどして覗き込み感激していました。子供たちは絵画の周りにしゃがんで輪を作り皆でわいわいと鑑賞会。絵画大小の配列にも興味津々だったようです。単純に眺めるだけで無い参加する空間の誕生です。

ホワイエ前テラス空間
の眺め

蔵前橋通り修景計画

竣工：1993年
発注者：東京都
設計：新構造技術（株）、**アート・プロデュース**：菊池幸三郎、
デザイン：諏訪恵里子
計画範囲：歩道・照明柱・植栽・ストリートフェンス

【コンセプト】

《蔵前ウオーキング・ギャラリー》

分析にもあるように蔵前橋通りは粋や通の溢れていた通りです。今、蔵前総合公園（仮称）ができ、上野の諸文化施設を結ぶ街路空間である点、これはまさしく「昔からの位置を取り戻したい」と言っているのでしょう。

人々がここにいる時、通る時、何か洒落た気分になり自分が何かのプロである感覚などを持つような空間を。特別席に座っているような、画廊の中を闊歩しているような空間を。ちょっとエキサイティングな気持ち良い、そんな空間を誕生させます。その時々、人は絵画であり彫刻です。又偉大な観衆であるかもしれません。通路のみでとらえず、感性交流あるギャラリーとして考へてはどうでしょうか……。

【啓示の内容】

「富士山は地球の中心、世界の中心。ここから富士は見えたのです。地中を流れてこの道のどこかに吹き出し口を創りなさい。地底からのエネルギーと宇宙エネルギーとの交信ができるようにしなさい。」でした。

この蔵前橋の界隈は江戸時代商人発展の地だったことや隅田川の「富士見の渡し」等を分解しました。又、江戸時代は幕府の米蔵エリアです。江戸時代を展開のポイントにしました。

【デザイン意図と説明】

歩道部は一辺四十cmの直方体の石とカラータイルの組み合わせで変化を創造。ガード内と床に著名人の手形や足型を、陶板や石のエッチングにて配します。（これは参加性の一貫）。花壇の一部に、通常はベンチで、イベント時にはステージとなりえる部分を設けます。花壇は部分的に市民開放します。信号機は街路灯とイメージカラーを合わせます。

歩道は現況の植栽部を50cm狭くし、コンセプトにのっとり整理創造したしたため、五十cm広くなります。

【エピソード】

計画に当たり区と住民・区議会議員が集まっての話し合いがなされました。

この通りは蔵前橋の隣の橋工事で交通量が多くなった為、道路拡張で歩道部が削られ狭くなっていました。通りは上野の芸術の森に繋がっているのですが、シャッター通りに近い現状でもありました。そこで都は「何とか人が集まる通りにしたい。芸術エリアを結ぶ特徴ある通りにしたい」との思いがあり、この計画はスタートしたようです。今まで車道に貸していた土地、幅五十cm分が返され歩道が基の広さに戻ります。しかし、考え方に賛同して頂かなければ完成はできません。話し合いでは「橋のたもとに自由の女神とかエッフェル塔を造ったら」「照明柱などいらないよ」「今家の前に置いてある植木鉢が置けなくなるのかね」とか「共通空間になったら自分の植物はどうするの」などいろいろで収集がつきません。

しかし、話し合いの結果は〝私の提案に賛同〟で幕を閉じました。

この会議で威力を発揮したのは区議会議員の方々の説得でしたでしょうか。彼等が日頃いかに住民との密な触れ合いに努力しているのかが現実に理解できた時でした。この話し合いの場は私にとって、今までに遭遇した事のない非常に大切な経験でしたし勉強の場でもありました。

歩道部を眺める

道路がギャラリーとなったとき、
市民作品の台座に替わる植栽部

勝島地下横断歩道計画

竣工：1994年1月
発注者：東京都
アート・プロデュース：菊池幸三郎、**デザイン**：諏訪恵里子

この歩道は海岸通りを渡るための地下通路です。大井競馬場駅から品川区民公園への導線にあり、学童の通学路でもあります。この交差点は上部には高速道路が通り、コンクリートの大柱が連なるなど圧迫感が大きく夜も暗い現状があります。

【コンセプト】
《時の渡し場》

地下歩道を含めた歩道口から歩道口までを一つの細長いフェリーポートとしてとらえます。あまりに世知辛い現代にあって、ここは忙しく行き来する時の流れの中間乗り場です。通過する人々の一人一人は舟。楽しさを満杯にした舟や元気印だけの舟がいるかと思えば、悲しみで沈みそうな舟がいるかも知れません。

コンクリートジャングルの狭間に、こんなロマンを感じさせる小空間が一つ誕生します。学童だけでなく、この交差点を利用する多くの人々が興味を持ち、通ってみたくなり触れてみたくなるような、そんな話題のスポットに変わります。

【啓示の内容】

「古くは海。埋め立てられて息ができない。コンクリートも息できない。地底からのエネルギーと宇宙エネルギーの交信ができるようにしなさい。」という短いものでした。

【デザイン意図と説明】

＊地上歩道部を巻き込んだ歩道口から歩道口までの全体を一つの立体空間としてと

らえる。
＊現状が無機質な直線立体の中にあるため、フリーハンド的曲線ボリュームとカラーをドッキングさせた。
＊地下歩道部を含め、人が通過するのみで留めない、アートに参加する空間とした。（床のアートを踏む・突き出した造形に座るや触れるなど）
＊全体を一つの立体空間とするため、ベースの仕上げカラーは統一。
＊乱割タイル仕上げ部は、運河側はブルー系、駐車場側をピンク系グラデーションにて流れ、地下歩道中間点で溶け込む。
＊アーチ曲線部の内外部に照明をドッキング。昼とはまた異なり、動きある夜の顔を表現する。

〈悲しい現状〉

随分前からのようなのです。浮浪者が集まって来てねぐらにしてしまい、子供たちが怖がって利用しなくなった。それで、浮浪者を排除して入れないようにするため閉鎖してしまったとのことです。二〇一五年現在も閉鎖のままです。浮浪者に占領されないような管理方法はありません。市民ギャラリーとして区民に開放し管理をしてもらう方法等もあります。考え方を広げたなら、もっと利用してゆくことはできると思いますのに残念です。

【思うこと】

計画が完成すると、その後造形達は、私や創っている私たち仲間の手から離れます。管理はそれぞれの役所（国・都・県・市・区・町・村）に移ります。市民の大切なお金を使い、多くの時間と多くの人々がかかわって出来上がった造形です。ですが、少数市民の苦情等で対話もなく壊すような実例は前述したように多々あります。

計画当時、担当だった方々は感性も豊かで理解の範囲が広く、造形は出来上ました。けれど、時間の経過とともにその管理者は次々に入れ替わって行きます。申し送りのようなことは無いのが役所のようですから、新しい担当者になると、当時のプロセスや内容などは理解できません。思い入れもありません。役所という組織は減点法式の組織です。企業の加算方式とは異なり、可も無く不可も無く過ごせるのがベストの状態なのです。ですから、苦情などが一つでも発生すると、保身や部署でのマイナス点を避けようとします。また、訴えを起こされる前の火消しを急ごうとするのです。問題の解決策を良く論議せず、市民と対話も持たず、造形たちの方を先にいじめる訳です。このように、役所組織の悪い体質が、造形物を簡単に変更したり、壊したりをしてしまう現れだと言えます。

現在においても、実状は「コンセプト」創りがなぜ必要なのかの理解は薄く、アートに対する理解も不足しています。例えて、市民空間の中に触れて感じるアートが出現したとします。ですが、何か一つでも苦情が来たなら、囲いを作って触れなくしてしまうのです。こうした体質は根本的に大きく改善をする必要があります。

出来上がった造形たちは音声でものは言えません。関わり現存する限り、それらの代弁役は役所です。「心」ある対応や管理をしてほしいものです。

歩道入口バックの眺め

歩道内部の眺め

歩道入口の眺め

コラム

Column

◉どこの造形現場にも現れるプロセス

現場が始まると、すべてにデザイン管理者として私自身も入ります。より自分の考え方を造形に反映させるためです。時には壊して造り直しの箇所も多々あります。こんな時、作業者は不機嫌になり文句を言います。しかし、何を言われようと意思は通します。けっきょく、皆ぶつぶついいながらも直します。

工事が進んで行きます。すると、私の指摘が正解だったことが分かってくるのです。そして、徐々に私を認め出します。すると、作業者はいかに難しい部分を美しく自分が造っているのかを自慢したくなるのですね。出来上がりが近づくころは「ここお父さんが造ったのだよ」と家族や友達を連れて来るようになります。そして、完成時は皆今までの大変さを払拭するような笑顔そして笑顔。協力して来たそれぞれがお互い「お疲れさま」の握手と拍手で感動は沸騰点に達します。

こんなプロセスの景色に出合える時は、私自身も幸せをかみしめることのできる瞬間でしょうか。ともあれ、作業者それぞれの高揚した満足な顔々が放つエネルギーは、造形自体にも新たな力を加えます。

◉考え方、説明会のこと

私のプレゼンテーションは、いつもぶっつけ本番でした。リハーサルは最も苦手。

造形スタート時に一度だけ、仲間内で仮説明をしてから本番に臨んだことがありました。しかし、本番では「え〜、あの〜」の連発で、横にいたプロデューサーが慌ててリハーサル時に聞いていた私の解説を元に代理説明をした次第でした。私の特異な性格なのでしょうけれど、その説明にもっとも的確な言葉はその時だけで、一度発してしまうとすぐに同じ言葉は出て来ません。この時以降、リハーサル無しのぶっつけ本番が私のスタイルとして定着した訳です。これは笑い話にもなりませんね。私自身良く分かりませんが、現在のスピリチュアルな現場では完全にこの状態です。言葉に出すと消えてしまうので覚えていません。でも、受けて側は非常に的確な言葉で突かれているようです。

最近、ドキュメンタリー製作現場のスタッフの方に話を聞く機会がありました。彼等はこんなことを言っていました。

「現在の製作は要リハーサル、それにスタッフがぞろぞろ。危険はないかもしれないけれど、意外性や面白味には欠けるね」

「昔は予算も限られた中で創っていたから、現地ガイドも雇わず情報は現地調達で即決だった。ぶっつけ本番状態だったから緊張感は凄いし迫力があったなあ」などです。

ちょっと例としては的確でないかもしれませんが、その時の真剣さが迫力に繋がる場合はあると思えます。

受ける側にも同じような感覚は伝わるのではないでしょうか。

現在は映像でのプレゼンが主のようですが、この当時はボードを使い主張部分を表現していました。主題は同じです。しかしながら、説明はまた別物でその時その時の「的確語」は違うのです。

◉女性だからの環境状態のこと　その1

私が造形をスタートした時代は女性がまだそれほど多くはありませんでした。建築業界ではすでに女性の活躍も多くありましたが、土木業界は珍しかった時でした。ある計画で現場調査に行った時のことです。現場調査が終ったころはちょうど昼食の時間でした。地方だったので近くには食堂のようなお店しか見つからず、食事はそこですることになりました。

皆はかつ丼とか天丼とかをオーダーしたので、私も天丼を頼みました。これが後に奇妙な展開になるのです。

後日、この土木会社内では「諏訪先生がどんぶり物を食べた」が広まって話題になっているというのです。

この話を聞いた私の方が、逆カルチャーショックを受けコケてしまいました。

「え～、同じ人間だよ。そこにどんぶり物しかなかったら食べるでしょう」といくら考えても理解不能状態でした。プロデューサーである菊池氏の解読はこうです。

「美智子さんがおならをするのが想像できないのと同じようなものだよ。皆がそのように感じているのだから、似合った振る舞いＯＫということだね。次元が違う雲の上の人になっていたんだよ」と。

何とも無責任なこの解読に対しても理解不能であきれかえる事件でした。

時は過ぎて、その当時の会社役員だった方とお会いする機会があり、この時のことを訊いてみました。

彼曰く「近寄りがたいオーラがあったので、話題になったんです」でした。今はもうどこの業界でもこんな珍事は起きるはずがありません。

◉女性だからの環境状態のこと　その2

計画がスタートすると、通常はプレゼンテーションから始まり質疑・応答という順序で進行して行きます。私が造形を始めた当時、女性造形家はまだ多くない時代でした。説明会はまず挨拶が最初、そしてコンセプト等の説明に入ります。直後、多くの顔は「この小娘が。偉そ〜に。何しゃべるのか。」風なのですが、説明が進むにつれて「ほ〜」に変わり、質疑に入ると「なるほど・ふむふむ」に変わるのでした。

このプロセスの変化は年齢の若い時期にしばらく同じパターンで続きました。

私自身はこのような状況が気になるタイプではないので、いつもこの面白い自然現象を楽しんでいたように思います。最終的には認めて頂けていた訳ですから終わりよしです。「幸せな私だなあ」という実感で幕引きでした。

◉思い込みの酷さと天然性のこと

ある現場調査に行った時です。

役所の方々と同乗して車で移動している車内でのことでした。途中に大きな時計台が見えていました。何か電子音が鳴っていたのですが、私には「○時○分○秒をお知らせします、ピ〜ン」のように聞こえたのです。よせばいいのに感じたことをそのままに口に出してしまったのが天然の所以。

「このあたりの住民の方、こんなの毎秒やられていたら頭おかしくならないのかしら」でした。

まともに考えたら絶対出てこない言葉ですよね。役所の方々の間には「何を言い出したのだろうか」と怪訝な空気が漂い始めました。これをプロデューサー菊池氏が即キャッチ即対応。

「すいませんこの先生時々おかしな事言うので気にしないで下さい。これだから私大変なんですよ」と助け船。

車内空気は笑いに変わり、何とか切り抜けることができました。早く気が付いたから良かったものの、冷や汗ものです。実際は私達車の前を走る車のサイン音が「左に曲がりますご注意下さい。ピルル～ン」だったのです。

今ならばあちらこちらで聞こえる電子音なのですが、この時の私は聞いたことが無く、時計の時刻音にしか聞こえなかったという訳です。ともあれ、仕事が問題なく進められたことには感謝です。

◉四国八十八ケ寺、旅のこと

27年ぐらい前のことです。友達の母が院内感染で急窃した時期でした。彼女、会社経営をしているバリバリな女性だったのですが、母を亡くした後、生きる気力を無くしてしまいました。夜中の12時くらいになると「恵里、私死にたい」と毎晩のように電話がくるのですが、心の問題は自身でしか解決できません。私は「自死なんて無理なのだから。自分で立ち直れる方法、何か思いつかないの」と問いました。彼女は「四国八十八ケ寺の巡礼をしたら良いかもしれない」というのです。「わかった」と私は早速、彼女のために情報を集め始めました。

自分はこの時まで八十八ケ寺のことは詳しく知りませんでした。しかし、資料を収集して行くうちに〝今の自分の精神状態に、この旅は、必要なことだ〟という強い感覚が芽生えました。彼女には「私、先に行ってみて来る」と言い残し、一週間後にはこの旅の中にいたという訳です。全ルート約1100キロメートルを38日間（1日30キロメートル前後）かけ徒歩で踏破した旅でした。

▼特殊能力者たち

途上、数名ですが特殊能力を持ち合わせた人達が同時期に歩いていました。1人、また一人、そして1人というように色々な場所で出合いがありました。そして、皆同じような言葉を私にかけてくれたのです。「君、人を癒せる能力が有るよ。行く先々で病気やケガの人に会ったら、このようにしてごらんよ」といった内容でした。私は「四国という土地が持つ特殊エネルギーの中にいるからかしら」とあまり気には留めずに旅を続けていました。

しかし、民宿や宿坊などで「すいませんお願いします」など声をかけられ、自然に縁が生まれては実行させられていったのです。自分でも信じられない状況が多く起きて、様ざまな人に感謝されての旅になりました。中には「お大師さま」などと唱えられて拝まれたりしたこともありました。

ある国民宿舎に宿をとった時です。大浴場に行ったら、お年寄りの方が「下の道、遍路しているのを見かけましてさ、背中流させて下さいまし」と近くにきて言うのです。私は恐縮しきりで優しく辞退しましたが、彼女は全然聞く耳を持ちません。そのまま受けたなどという事もありました。

▼白い犬と

山の中でルートの道に迷ってしまった時のことです。どのみちを行くべきか、歩く元気も失せ座り込んでしまいました。すると、1匹の大きな白い犬が目の前にヨタヨタと歩いてきました。片方の目が怪我して潰れたようなひどい形相で飼い犬のようには見えません。ですが、凶暴さや怖さは感じられず何か暖かさが漂っていました。私は「こんにちは。道に迷っちゃった」とこの犬に話しかけていました。犬はしばらく私の前に座ってじっとしていました。しかし、また、ヨタヨタ歩き出して道の岐路まで行き着くと、しゃがみ〝この道を行け〟のしぐさを見せてどこかに行ってしまいました。結果その道は正しいルートであり、もしかしたら一人きりで過ごさねばならなかったかもしれない山中の夜は避けることができたのでした。

▼ルートの神秘性

私にとって、寺から寺への移動は星から星への移動に似ていました。自分に縁のある星は縁のある寺ですから、より強い波動を受けます。また、寺そのものからではなく移動中の遍路路から感じるものが強烈な場合もありました。そして、寺院の配列とルートで結ぶ空間には神性な聖域が形成されていて、容易に人を入れないつくりになっているような感覚がありました。海外の巡礼地は、聖地を訪ねた後、同じ道を引き返すがほとんどで、四国のように出発からぐるりと回って出発地に戻ってくる、メビウスの輪のようなルートは非常に神秘的です。

▼体質の変化

私はこの当時酷いヘビースモーカーでした。1日3箱くらい吸っていたでしょうか。この旅の途上も吸っていました。しかし、東京に戻ってしばらくすると、何か風邪のような症状が起こり、それ以来、誰かに取り上げられたかのように吸えなくなってしまいました。やめようなど思ったことは全く無く、急に吸えなくなった状態です。

また、牛・豚など人に食べられる目的で育てられている肉が一切食べられなくなってしまいました。自然の中に放牧されるのではなく、狭く運動も出来ない空間でホルモン剤など打たれて食肉として生かされている動物たちが、悲鳴を上げているようでまったく受け付けなくなってしまいました。この状態は現在に至るも続いています。仕事や付き合い上、どうしても食べなければいけない場合もありますが、数時間も体内には留まらずに超スルーしてしまいます。

ともあれ、この四国八十八ケ寺の旅とは、私自身がもう一つの顔（スピリチュアルな面）を認識させられた旅だったように思えます。

◉世界80ヶ国以上もの旅の中から

地球をもっと知ろうと飛び出した旅のころは1ドルが３６０円くらいだったでしょうか。初めの旅はアメリカやヨーロッパなど文化的生活のある、いわゆる先進国の国々からのスタートでした。しかし旅への指向は中半期あたりからはガイア波動が高い地や精神性がしっかりある地へと変化して行きました。

▼若い時のヨーロッパ旅から

ヨーロッパの国々へは現在にいたるまで、目的に合わせて、幾度となく訪問しています。以下は若いころ、その時の感性で触れたヨーロッパ旅の一コマの紹介です。

アメリカからイギリスに渡り、友達の家をベースにイギリス内を旅、それと並行してユーレイルパスを申請購入。ドーバー海峡を船で渡ってヨーロッパ大陸へ。ユーレイルパスとは大陸ヨーロッパの全鉄道が乗り放題パス（チケット）のことです。利用期間が選択でき、その期間内であれば何処で何時に乗ろうが降りようが自由で、しかも一等クラスの車両が利用できます。一週間〜数ヶ月と期間ごとに料金は異なりますが、時間に余裕もあり自由な若い私の旅には素晴らしい助っ人でした。ともあれ、北に行ったり南に下がったりとヨーロッパ中を縦横無尽に旅して周りました。多くのエピソードの中から3つほど紹介しましょう。

その1　大道芸人と

アメリカ人2人組の大道芸人と息統合し、3日ほど一緒に行動した時の事です。私も一緒に歌ったり、学生時代やっていた機械体操のアレンジダンスをしたりしました。興味深かったのは聴衆の目線と反応の変化でした。子供達が親にせがんで賽銭を投げ入れてくれるのですが、これを皮切りに大人たちの賽銭投げが始まります。ミニショウは場所を次々に移動してゆきます。感心したのは、一日の賽銭で二人が食事して宿泊できることでした。

2人と別れて別な国へと移動したのですが、興奮冷めやらない私は、1人でできるパフォーマンスは無いか考えました。「そうだ、似顔絵描きをやってみよう」と次の国では画用紙とパステルを購入し、早速実行。初めの顔はこの国の人ならば誰でも知っているだろう映画人を選び、漫画タッチで描いてみました。すると、一人が描いてくれと。そして、また1人がというように、結果、夕方までに4人ほどがオーダーしてくれて終了です。金額は賽銭方式にしたので客の自由です。食事や宿泊の捻出までは無理でしたが貴重な1日でした。

この時を思い出すと「あの絵の人達は今どうしてるのかなあ」と懐かしさがこみあ

げて来ます。

その2　オランダにて

　オランダでの事です。10名で1室シェアのような所に宿泊。ここでドイツから週末旅行に来ていたモニカという若い女性と、またもや意気統合。早速一緒に市内を回ろうと出かけた途中で事件が起こりました。

　私達はジプシーの子供達に囲まれてしまいました。子供達は皆で「お金をくれ」と一斉に手を出して迫ります。彼女は優しさから、小銭財布を出して皆にコインを渡し始めました、と、ほんの数秒で子供達はサッと四方に散ってしまいました。その直後です、彼女はバックに入れていた大財布が無い事に気が付きます。でも誰がとったのかはわかりません。生きる為の知恵に引っかかってしまった彼女の週末旅行は台無しになってしまった訳です。

　難を免れた私は、安旅途中ゆえ、彼女には質素な夕食しか御馳走できませんでしたが、出来うる限りのサポートをしてその晩は遅くまでいろいろな話をしました。翌朝ドイツに戻ることにした彼女を宿泊先の玄関で見送りました。何とも残念そうな彼女の顔は今でも忘れられません。

その3　ギリシャにて

この旅も十分満喫したなという気分になって来たため、そろそろ最終地をギリシャにしょうと決めました。

イタリーのブリンディッシからパトラスまで夕方出航で翌朝着くフェリーを利用。しかし、到着すると大規模ストライキの最中で、鉄道もバスもストップ状態。私を含め気の合った旅仲間４名（日・スイス・独・仏）はアッセン（アテネ）までタクシー相乗りとなったのでした。

私は手持ちの旅費も底をついて来た状態で、日本への片道切符を買う必要もあるため、何とかせねばと思いつつも解決策は見つかりませんでした。

私は旅途中で入手した〝KとMの2つの日本食レストランがある〟という情報をたよりに〝M〟を訪ねました。出合った人の名前を出して事情を話すと、即アルバイトは成立。ギリシャでは暑い昼の時間帯、昼食が終わると夕方六時ころまではどこの店もお休みで働きません。ですから、近くの観光はこの時間帯を利用すればよく、遠出は店の休日にすればできました。

私は短パンにエプロン姿で毎日を厨房で奮闘。この当時ヨーロッパ全体でも日本食レストランは少なかったせいか、日航の機長やパーサーの他にも、ヨーロッパ大陸に支店を持つ日本企業の方々や本社からの出張者などが多く来店されていました。今のようにどこでも日本人に出合う時代でもありませんでしたから、「旅途中の変な若い日本女性がバイトしている」というような噂は噂をよびすぐに広がります。食事に来て厨房を覗く日本客の多かったこと。今となっては、笑い話ですが。

何週間か時は過ぎて、ギリシャのバイト料（ドラクマ）では日本までの片道分は無理と判断。ならば、ギャンブルして資金を造ろうと考えました。ギリシャのギャンブル場は山の上方にあり、国営でディーラーは国家公務員、入場には一応ドレスアップが必要です。私はダウンタウンに出かけて安いドレスを二着買い求め、切り繋いでオリジナルドレスを制作しました。いざ、これを纏ってギャンブル会場へ。元金が少ないので全チップを2つ分けにし、ルーレットで2回賭け以外はしないことに決めました。00周期の読みやすいディーラーを見て回ります。見極め後にプレイ参加、一回目は手放しが微妙に早すぎてアウト。二回目はじっくり慎重に周期を待ち、「ノーモアベット」の瞬間00へ。結果オーライ。しかし、酷いヤンチャですね、負けていたら何年もギリシャで働くことになっていたかもしれません。

▼インド・ヴァラーナシー（ベナレス）で

この時はデリーから出発しインドをミニ縦横断、エローラやアジャンタ等も含めて最終地をムンバイ（ボンベイ）にした長旅でした。多くのエピソードの中からベナレスでのことを紹介しましょう。

ガンジス川はインドの人々にとって〝生と死を合わせ持つ聖なる神〟そのものです。源流は山からのちょろちょろ湧き水がこの地あたりでは大河を形成、沐浴をするためにインド各地から多くの人が旅してこの川に集まって来ます。この日私は中洲で沐浴を経験するため、岸にある火葬場から舟に乗ることになりました。そこでの光景です。

下層生活者は遺体を布で巻きそのまま河に流し、中層生活者は薪を重ねてダビ、富裕層は火葬です。この三種類の葬儀が同じ場所で並行して行われているのです。生まれた子供を聖なる水で清めている隣で死者を流す。何とボーダレスな宇宙空間でしょう。

また、このガートの近くには〝死を待つ人の家〟といい、もう死が近い人とその家族が滞在するための家が多くあります。〝ガンジス川で死を迎える幸せ〟を家族ぐるみでサポートしながらここまで旅をする。そして死して河へ。私の舟は中洲に到着。ここまで来るとガートの人混みは小さくしか見えませんが、登り立つ人々のエネルギーは岸よりも大きく感じられました。又、河岸に乾されている色鮮やかなサリー(インド女性が着ける民族衣装)郡の景色はガートに特異な香りを加えていました。インドの僧侶に教わった「ガンガ・マッキージェー」の祈りと共にいざ私も沐浴。

この旅には最後におまけがつきました。全旅程が終わり日本に帰る飛行機が滑走路を飛び立った瞬間のことでした。私の感覚に異変発生です。私の飛行機の周りを今まで出会ってきた石仏たちがびっしりと囲んでいるではありませんか。私の飛行機が瞬間的に〝ふわ〜っ〟と真上空中に舞ったものですから、石仏たちの間に今までそこにいた飛行機型の空間がぽっかり残ります。すると集まっていた石仏たちが一斉にこの空間をも埋め尽くして、「また来いよ、待ってるぞ、待ってるわよ」と言いながら手を振って送ってくれている光景が視えたのです。

私は訳わからず泣き出していました。廻りの乗客は何事が起ったのか怪訝な面持ちで見ていたようですが。この感覚は何時思い出しても涙が溢れ出します。

▼ペルー・マチュピチュで

この時はリマから3500メートルの高地クスコへ、ここから山岳列車を使いさらに登山。ウルバンバ渓谷を探索後、さらに山岳列車でチチカカ湖へ移動、そしてボリビアへという旅でした。

ここでは「グッバイボーイ」の話をしましょう。頂上でインディオの少年が観光客のバスに向かって「グッバイ」と手を振ります。バスが動き出すと少年は山の直線ルートを駆け下り一つ目の辻で手を振ります。そして、二つ目の辻でも又手を振ります。それからさらに8回ほど辻で手を振り、最終の山岳駅にバスが着くと、この少年はすでに到着していて「グッバイ」と手を振っているのです。観光客はこのけなげさにチップを渡します。少年はフーフーと息を荒げ額に汗、しかし、澄んだ瞳の奥にたくましさを観た一時でした。随分昔の光景ですので現在はもうやってはいないと思いますが、マチュピチュの空中都市たる威厳空間にも劣らない生きる情熱に感動した出来事でした。今も鮮明に思い出されます。

▼オーストラリア・イルカと

水中世界にも触れたい思いが強く、若い時に国際ダイヴィング・ライセンスを取りました。地中海・ナッソ・モルディブ・バリ・セブ・沖縄……と色々な場所の水中旅もしてきました。この水中旅はオーストラリアの先住民族アボリジニの聖地を訪ねた後、ダイヴィング・クルーズに参加した時のことです。

船はポイントを移動しながら、潜り三昧の日々です。と、ある日イルカの群れと遭遇。様ざまな国からの参加メンバーは皆シュノーケリングで彼等と語らうことができたのです。イルカはしばらく私達を観察していましたが、程なく優しい目で接してくれました。体に触れてきたり、触れさせてくれたり、鳴き声を上げてくるりとまわったりというように彼等も私達と一緒に楽しんでいる様子でした。

イルカや鯨は現象的には海という3次元に住んでいますが、潜象的には多次元領域にも住んでいる動物です。内陸部のエアーズ・ロック中心に生活していたアボリジニが「テレパシックにイルカからすべてを教えてもらった」というのは納得できます。また、多くが「イルカは人を癒すエンジェル」といいますが、この時の感動は言葉になりません。私は彼等が発する「地球をしっかり守るよ」や「高次からの愛波動もしっかり送るよ」が感じ取れて涙が止まらず、水中メガネの内部も水浸し状態になってしまいました。

◉体の記憶と恐怖症

私は歩き始めのころ股関節脱臼になりました。父が歩く時の足音がおかしいことに気が付き分かったそうです。治すためには石膏で固める方法です。私自身、その時のことは何ひとつ覚えていませんが、多分に、体は記憶していたのでしょう。1年近くも固められた状態で歩くことも出来ず不自由を強いられていたようです。他の子供達が遊びまわるのに自分は出来ない。

その代わり、父母は良く本を読んで聞かせたそうです。母は「貴方は聞いた話を次々とまる覚えにしてね、遊びに来る近所の子供達に話して聞かせて楽しむ自分流の遊び方をしていたわ」「泣かれるたびに、治らなくてもいいからもうやめてしまおうかと何度思ったことか」「負ぶって外にと思っても石負ぶっているようで長い時間は無理だった」と当時を回想して言っていました。

今はもう2人とも星に還りましたが、父母からの深い愛のおかげですくすくと育ち現在があります。

しかし、私には極度の閉所恐怖症と自由束縛に対して息ができなくなる〝癖〟が残りました。たとえばの話ですが、空間としては隙間がある檻や籠に閉じ込められたとします。ですが、鍵をかけられ出られなくされたとたんに、息は出来なくなり、私の消滅となります。また、自分の意志で行動ができない状態にされてしまうことも私自身の消滅です。

大人になってからのことです。足首のケガでギブスをつける事になりました。すると、病院から家に戻るとどうも息ができないのです。私は〝このギブスが自分の意識も固めている〟と感じるや否や壊し始めました。友達がお見舞いに来てくれたのですが、目が点の状態で、一心不乱にギブスと格闘している私を見るや壊しに参戦です。

この経験以来、体のどの一部であれ〝固定化には拒否反応が起こること〟を知った訳です。どんな場合も自分の意思ではずせる添え木とか、ギブスでも割って造ったもの以外は私自身の消滅に繋がることを認識させられたのでした。

ともあれ、自身が病気やケガをし、自分の意思で動けなくなった時も私自身の消滅という訳でして、このとんでもない恐怖症は今にいたるも改善不能状態です。私の〝今のその瞬間を自然体で生きる〟という生き方は、多分に、この記憶からの影響が大きかったのだろうと思います。

◉出会いの神秘

本文にも記した感謝の彼、菊池氏との出会いを話そうと思います。

この日、私は西宮の某酒造会社にて会社の所有する広大な土地利用に対して、壮大な計画をプレゼンしに行った帰りでした。現実化していれば日本では初めてとなる画期的な計画でした。会議が終わって後、ゆっくり食事でもと誘われたのですが、「どうしても今夜中に東京に着きたい」旨を伝え、私は新神戸駅から発車音の鳴っている新幹線に飛び乗りました。

車内は混んでいて座れたのは三人席の真ん中のみ。京都駅で通路側の人が降りましたが、私は面倒くさくて移動せずにいました。クリエイター風の男性が乗って来て「ここ空いていますか」と聞くので、私はぶっきらぼうに「どうぞ」とだけ言って書類に没頭していました。電車は発車。すると隣に座った男性が「タバコ吸ってもよろしいでしょうか」と話してきたので、私は「実は私も吸うのですが飛び乗ったので買う時間無くって、一本恵んでくださる」と応えたのが話をするきっかけでした。

当時は全車両タバコが吸えた時代です。「どうぞ」と差し出されたタバコは自分の吸っていた〝パーラメント〟という同種のものであり、驚きのシンクロでした。この彼こそ菊池氏です。私達はこの瞬間から東京駅に着くまで、ずっと話に花が咲いていたと記憶しています。

私は意気揚々と行った10枚近いプレゼン・ボードを見せたと思います。彼は「凄い計画だけれど、本音と建て前のある日本では難しいと思うよ」が感想でした。後日の結果はその通りでしたが。彼の話はとても面白く、〝特殊工法でのレリーフ造形を広めたいこと、大きな作品を受注するため全国を飛び回っていること〟等を情熱的に話してくれました。レリーフの写真も見たと思います。この時は名刺を交わして東京駅で別れました。でもお互い何か感性の部分で一致するところはしっかり感じ取っていました。

それから時が過ぎ、菊池氏は自身が目指す環境造形の会社代表となり、自分の部下と共に私の事務所に訪ねて来ました。「出番の仕事があるのですが、やってくれませんか」と。

この瞬間こそが現実として30年以上の長いつき合いになる始まりだったのです。仕事を一緒にするようになり菊池氏はある時こんな事を話してくれました。

「新幹線で出会った時、こんな人日本にいるんだ、この人と仕事をしてみたいと思った」と。

誰かに紹介された訳でもなく、私がプレゼン先会社の食事にOKしていたなら出合えず、通路側の席に移ったなら座らなかっただろうし、違う車両に乗ったならまして合わなかっただろうし、というように偶然を含む必然の重なりがこんな出会いを出現させてくれたのでしょう。「神秘な出会い」とは見えない粋な計らいを純粋に受け入れた結果現象なのではないかと思えます。

◉ギャラリーのこと

▼私の役割

誕生して今年で15才になります。新宿御苑からのエネルギーも届くサロン風スピリチュアル・ギャラリーです。すでに2千人くらいの方と出合っているでしょうか。人伝え、ホームページを見て、通りすがり等と出会いは様々です。でもその殆どが、その方の〝自分に本当に必要なその時＝オンタイム〟に訪ね来ます。人は誰でも自然治癒力があり、本来は自身で治すことができます。それには自分が気づかないと変わりません。私の役割は〝その人が自身で気づくようにポイントを突付く事〟です。

「気づきの状態」は人それぞれです。例を上げますと、涙をボロボロ流し自分を浄化した後吹っ切れる人、目からウロコ的に瞳がカッと見開き活気づく人、体を揺らし始め叫ぶ人とさまざまです。しかし、皆さんのその後は大きく変化します。笑顔や目力が戻り明るくなります、現実把握をその渦中ではなく一歩その外に出て観られるようになります、物事をプラス思考で捉えられるようになります、自分世界だけでなく周りの世界も観ることができるようになります、人や事を許せるような寛容さが生まれます、自分の変わり方を楽しめるようになります、等々というような変化でしょうか。

ともあれ元気になった皆さんはその後も遊びにいらっしゃいますが、確実に「自信に満ちた素敵な人」へと成長しています。

▼空間の秘密

ギャラリー空間は想像して出来上がる４角錘と４面体で構成しています。偶然と計画的構成の合作で生まれました。４角錘はエジプトのピラミッドが有名ですが、それぞれの交点から同距離で出会う内部交点にはエネルギーの集合があります。また、４面体はＤＮＡ螺旋の基本をなしていて、エネルギーは拡散です。

ギャラリー内に入ると、現実に見える４角錘の一部はほぼ正方形な床平面に現れ、４面体の一部は中柱を繋ぐ梁の３角空間に現れます。しかし、これら一部を基本に想像で組み立てるとそれぞれの立体が出来上がります。空間は広くありませんので、この二つの立体空間は重なり合います。

ヒーリングをする場合は想像４面体のほぼ中央位置に、対話セッションの場合は４角錘の内部交点位置近くに頭がくるよう座って頂きます。内部空間は人にやさしいマーブル石や木という自然材を多用していまして、対話セッションは黒ミカゲ石の大テーブルを挟んでとなります。この空間意図は誰にも説明した事はありません。しかし、30分でも滞在した多くは「何かわからないのだけれど自然に元気になっていた」とか「帰った後咳が凄く出て、気分がすっきりなった」とか、様々な報告があります。

交信先はどなたでも感知容易な〝プレアデス〟に繋いでいますので、強い浄化と高いエネルギー波動を受けとることができます。いろいろ起こる症状はその人の細胞が本来の正しい状態に戻ろうとすることの現れです。私はセッション中、考えて話してはいません。ですから、終わった後は何を言ったのか詳細は覚えていません。でも受け手側からは「的確な言葉で突かれるから、今まで本人も知らなかった自分が浮き出る」と言われます。ともあれ、この空間にはこんな秘密があるのです。

▼3つのアドバイス

私はこの空間で出会った人に対し常に以下の三つのアドバイスをしています。

ヒーリングに来られる方の特徴はその九十％は〝呼吸が浅い〟ことです。これは身体や心の流れが悪くなっている状態で、どこかが詰まっている現象です。

1つ目はこの現象に対してのアドバイス、「気が付いた時でいいから深呼吸をして」です。次は2つ目で「朝起きて顔や歯を磨く前、体を動かす前にコップ1杯のお水を飲んで」です。朝は水分不足で血液も濃い、この朝の水は一瞬に体をかけめぐるため細胞を元気にします。そして「時間を作って自然界と触れて」が3つ目。自然界の草木には癒し波動があります。特に樹木はエネルギー仲介者ですから自分を呼んでいる木に出合えたら最高です。抱き付いても背で触れても良いから吐く息を長くする呼吸対話でエネルギーはもらえます。時間の取れない人でも、仕事場や家の周りを散策したら自分を呼んでいる木が見つかるはず。疲れたと感じる時は実践してみること、お勧めです。

人の体は地球と同じ比率で、約70％の水で造られています。それは〝人の体と心がミクロ宇宙でありマクロ宇宙でもある〟という事です。〝この神秘〟を自身でもっと自覚し深く知ろうとするならば、生まれてきた本来の役割も見えて来るのではないかと思えますが。

◉チベット・ラマ僧から聞いた話

中国が1950年に介入して以来、本当のチベットは壊されてしまい、ダライ・ラマ氏はインドに暫定政権を、他僧の一部はネパールや他国にと逃れました。現在のチベットには歴史の語り手は残っていないと聞きます。この話は私が曼荼羅のこと知りたくって、ネパールに住むラマ僧を訪ねた時のことです。

彼は寺院の壁面や天井という大きなスペースに曼荼羅絵を描くラマ僧ですが、他方、油絵サイズの絵図も描きます。タメル地区のゲストハウスに宿をきめての長滞在でした。曼茶羅の説明をするとあまりに深いためここでは省きますが、印象に残った一つを紹介しましょう。

チベットでの人が死に行く状況時のことで、彼はこんなことを話してくれました。

「私達ラマ僧は、最後まで残る人の聴覚を借りて、死に行く人の耳元で延々と教えを説くのです。これからこのような過程を通り、この時にそこにいて……というように順序立てて延々と教えて行きます」「その人は耳元を通して入ってくる私の声を聴きながら、心が清まり不安も無くなり安堵して旅立って行くことができるのです」と。

私は〝聴覚が最後まで残る〟が強烈で今でも忘れられません。

◉アメリカ・先住民の長老から聞いた話

アリゾナ州を車で旅していた時のことです。グレンキャニオン近くでホピ族の血を引く長老と出会いました。彼はこんな話を聞かせてくれました。

「我々は〝蝶〟のことを、人の精神変容のシンボルと捉えているんだ。ホピ語で〝ポラッカ〟と言う」「幼虫の時は大地に触れ、生育期には繭内の闇で変容し、殻を破って広く美しい世界へと飛翔する。だけど、繭から出て生命の基本要素である〝水・空気・火・土〟との関係を結ぶからすぐには動かない。わかるだろ、人がスピリチュアルな変容を遂げるためにはこの繭内の暗闇は不可欠なことなのだよ」と。

この時の長老は何か白い靄に包まれているように見えました。今だから話の深さが解ります。

◉私における啓示的なプロセス

私は自身の造語で「瞬間の永遠」を心情に生きているところがあります。説明すると、「今（瞬間）は精神と形を内包すると共に厚みある深い永遠が含まれる」になるでしょうか。

造形を依頼されると最初にその計画地を訪ねます。実際その空間に身を置くと、必ず何かしらの鋭い感覚を受け取ります。それは光だったり音だったり、香りだったりと5感の感触に6感まで加わったような感覚です。印象ではなく直観の方で、ともかくこの初めの感覚を私はとても大切にします。

啓示的な現象はその出会いの日から一週間以内に何らかの現実として起こります。夢の中に現れたり、突然声や音が聞こえたり、空間に見えたりです。夢に起こる場合は抽象的な光や音に加え、抽象的な無言カラー映像や動画が現れます。普通の夢との違いは具象性が無く言葉も無いという点でしょうか。声や音の現れ方は二種類あります。1つは自分の一メートルくらい上部でアブのように小さいものが「ぶ〜ん」という羽音と共にホバーリングしているような状態が起こり、その後声が聞こえて来ます。もう1つは空間に小さな穴があいて飛び出してくるような声です。

これらの声は性別が分からない低い声で、言葉になる時と語だけの時と一定していません。また、光と語がフラッシュのように眼前で点滅してくる場合もあります。この状態も空間から飛び出したり隠れたりというイメージでしょうか。どんな場合も無意識状態で現れるので、無防備なこと甚だしく、「エッ、何」がいつものパターンになります。啓示は通常、具体的な形ではほとんど出現しません。

この啓示的な部分をコンセプト創りにどう生かすかは、自身の内で問答することになります。抽象的な言葉でのプレゼンスタートになりますが、これを煮詰めて行くことで造形としての具体的な形は創造されます。

◉2つの特異なこと。

▼ガンの自然治癒

何十年も前のことで、もう何時だったかの時期的な記憶はありませんが、ある年の元日の朝、夢で目が覚めました。以下この夢の詳細です。

〝自分が淡々と死んで行く様子を3メートルくらい斜め上空から俯瞰的に眺めているのです。見えている私はというと、夢のフレームに収まらないほどふっくらと大きな手に抱かれて、白いシルクのような衣装を着て嬉しそうに微笑んでいます。何か年寄り臭くない幼稚な顔に見えました。どのような手なのか指の先までの全体像は見えてきません。更に、その手を含めた全身も見えて来ません。そして、86・86・86……と同じ数字が通り過ぎます。〟これで目が覚めました。

この時は若かった事もあり「元日に死ぬ夢なのよ、何なのかまったくいやになっちゃうわ」と仕事仲間に話した後はすっかり忘れてしまいました。そして時がずっと過ぎ、自身にガンという病気が発覚した時のこと、この記憶がパッと蘇ったのです。

「私、86才まではどんなことがあっても生かされるのだわ、今の時点で死はない、きっと！」という超ポジティブの思い込み解釈が全身を支配したのでした。

私は即断即決です。手術はしない、抗がん剤も使用しない、食の改善と縁あった数種のサプリメントに加え自身で行うセルフヒーリングで治癒させることを選択したのです。細胞の生まれ変わりは最も長い期間が必要な内臓部で6カ月はかかります。ですから、この重要な半年間に対しては自分の決めたことを徹底して貫きました。お腹が空き過ぎたのでしょうか〝ガン君たち〟はどこか旅に出かけて戻ってくるのをやめた様です。この後も食の改善は継続していまして、すでに八年が過ぎましたが再発も無く現在にいたります。

▼弊立神宮に呼ばれて

ある日、朝から「幣立神宮に行くように」の声が何度も聞こえました。私は「遠いし仕事あるし時間が取れないいし」と少し渋っていました。でもあまり強く来るので、それではと阿蘇行きを決行。当日熊本空港に着くと雨風が強烈な台風のようなひどい状態です。ともあれレンタカーを借りていざ目的地へ。しかし、途中で事件が勃発、車がカーナビの指示道を逸脱して阿蘇の山道に迷い込んでしまったのです。道幅は狭いしすれ違う車は皆無、たった一人で山の中、それに嵐のような状態。私の心は崖崩れなども含めて不安心がマックス状態でした。だいぶ走ったでしょうか、ラッキーなことに目的地への通常道路に出ることができ神宮へも昼前に着くことができました。

神宮内を見回しますと私一人の貸し切り状態です。まず、本殿内に入らせて頂き、感謝の祝詞を上げさせていただきました。すると、「よく来た、待っていた」の声が聞こえて来るではありませんか。私は涙が溢れて止まらなくなってしまいました。そんな感激から始まった神宮全体の参拝は全てが終わるまでは、私たった1人の独占空間になった訳です。

参拝後に神宮近くにあるコーヒーハウスに入りました。すると店主が「最近は天気が良い時ですとね、観光バスが何台も連ねて来て、神宮前の駐車場が満杯になるんですよ。春木宮司の本が出て以来、まあ多くの人が来るようになって」と言うのです。この神宮は1万5千年からの歴史がありますが、〝隠れ宮〟として海外共に今までは知る人のみぞ知る神宮でした。

私が訪問した8ヶ月後に熊本地震が起こりました。阿蘇の某神社は全崩壊に近かったのに、この神宮はほとんどが壊れることなく無事だったと聞きました。なぜその時期にその神宮への参拝だったのかは現在に至るも、私自身はまだ分からずにいます。

◉式根島モニュメント工事のとき

小さなモニュメントでしたが工事の為私を含む4名が一週間ほど民宿に滞在していました。工事は完成したのですが、帰る予定日当日は大嵐で定期船が来ないことになってしまいました。私ともう一人は今日中にどうしても帰る必要があったため困り果てていましたところ、緊急時に船を出してくれる島の漁師さんがいるとの情報が入ったのです。熱海までのルートでチャーター成立です。すると私達のことを聞きつけてか、漁師さんに連絡が入りました。「子供が急病で島の診療所では処置出来ないので島外の医療設備が整った病院に行く必要があるって言われたので。舟に乗せて下さい」と。島民の母親からです。

私達は快く迎へました。いざ6名を乗せ舟は出航です。海は荒れ狂った状態で波が10メートルくらいあったでしょうか。漁師さんはその波と波の谷間をぬうようにして進んで行きます。その舵さばきたるや手品師のようです。漁師さんは「こんなのはまだいい方だよ」と一言。私とプロデューサー菊池は舟の操舵室で漁師さんの大波あしらいを感心しきりで楽しんでいました。ともかく目の前に起こっている迫力たるやたとえようがありません。一方、仕事仲間の大男2名は船底で大船酔いのグロッキー状態でした。ともあれ、離島民のたくましさと自然を抱き入れる大きさに触れることのできた一時だったと言えます。

◉静岡大橋計画――1992年の片側車線工事時のこと

私達の仮設事務所は本工事の現場事務所が建つ同エリアの空き地を借りることになりました。安部川の富士山側で左堤防の市街地よりの土手上です。平面で説明しますと、長方形敷地の下方に本工事の資材置き場（一番広い）、その左上に組事務所（資材置き場の半分の広さ）、私達のコンテナ事務所（一番小さい）はこの2つの角を結ぶ対角線よりの真ん中位置です。ちょっとこの平面を理解しないとこれからの話が見えないのであえての説明です。資材置き場と組事務所を見張るような位置の対角線状にリード線が張られ、そこに一匹の犬が繋がれていました。リード線の長さは20メートル位あるので運動量は申し分なかったと思いますが、犬小屋はありませんでした。この犬、雨の日には組事務所の床下で立って過ごしている状態で足はずぶ濡れ、横になることも出来ません。さらに、食事もバケツのようなものに残飯で定期的にではありませんでした。

私達は自分たち用コンテナ事務所を設置して以来、この犬には愛情を注ぎ何かにつけてかわいがりました。私達の事務所入り口がリード線上の中央部にあったこともあり、彼は雨の日になると私達の事務所に入って過ごすようになったのです。暗くなり現場を引き上げてくると、彼は嬉しそうにしっぽを振り待っているのですね。ところが組事務所の人が帰ってきても吠えてなつきません。私達コンテナ事務所には貴重品も多くありましたけれど、雨の日は犬の為にドアを開けておきました。工事は夏の暑い時期です。ですが、現場監督者は何か降ってくるのでもなく転落するわけでもないのに、安全ヘルメット・ヘルメットとオウムのように言ってきていました。私だけは麦わら帽で何食わぬ顔をしていましたけれど。

そんなこんなで工事が完成近くになった時、本部から大所長が現場に入り同席してのミーテングが開かれることになりました。大所長の「何か反省とか意見ありますか」に「あります」と答え上記のような詳細を手短に話したのです。そして、まとめとして、組が飼っていた犬の話と安全きちがい（ヘルメット着用）の話をリークさせ、〝心〟無くして、人も動物も説得はできないこと。また、物創りとして一番大切なことは、もの言えぬものに愛情もって接すること等で話を終えました。大所長は賛同してくれました。現場所長はこの話ですぐに気付き反省したのでしょうね。

会議の後日、てれた顔をしながら慌てて犬小屋を創っていました。本来持っていたでしょう〝心〟が彼のもとに返ってきた瞬間だったのだと思えます。ずっと時が過ぎての風の便りです。「あの時の現場所長さん、人に信頼される大きな器の人に成長した」と。

◉記憶に残る本物の建築家のこと

例えば、安藤忠雄氏のように個人を全面に出す建築事務所は別にして、日本には大きな設計会社が公共建造物の建築設計を受ける場合が多くあります。しかし失礼ながら、看板ありの中での本物の建築家に遭遇できる確率はとても少ない感じがします。

このエピソードは出会いがあって、コンセプトメイキングから造形模型まで創ったけれど完成には至らなかった話です。

現場は溝の口に現在建っている某公共建築です。日本では指折りの1社である大きな某設計会社が受けていました。私達は紹介を受け、この現場のアート部の造形を計画するべく打ち合わせに行ったのです。設計代表者のM氏は「設計図面を渡すので、この図面から私達のコンセプトを読みとって下さい。もし読み取ることができたならば協力をお願いしても良いです」と言い、すでに建設途上の図面一式を渡してくれました。私とプロデューサー菊池は持ち帰り詳しく図面をチェックし分析し、検討しました。そして私なりのコンセプトを創って打ち合わせに持って行ったのです。

彼等の建築コンセプトを見抜き、さらにこちらのアート・コンセプトを提示すると、M氏は「協力をお願いしたい」と即答してくれました。さらに、「もう少し早く貴方たちに会いたかった」とも言われたのです。そして彼は話し始めました。「この現場には40人近い設計者が携わっています。中にコンセプトに対して忠実に設計をしようとする責任感や正義感の強いスタッフがいました。そのスタッフは自身の説明が行政に理解してもらえない部分が多く、苦悩の末に自死してしまった」という内容でした。そしてさらに、「自分に出来ることは無かったのかを悔いた」と涙ながらに話すM氏の姿に、私は息ができないほどの衝撃を受けました。創造者どうしお互いの感性が一致した瞬間です。

それ以後、打ち合わせはとんとん拍子に行われ、イメージへ、アート詳細へ、さらに模型へと進みました。ここまで来るとようやくアート全体の見積を出す事ができます。結果、しっかり予算は付きました。しかし予算がつくやいなや、議員（バッチ族）が介入して来て自身がひいきの業者を指名してきたのです。これにM氏は猛反発、「諏訪さんたちにやってもらわないのなら、他のどの業者にも出さない。予算は他に使う」と、このバッチ族をばっさり切ってしまいました。

仕事は形として残りませんでしたけれど、こんな気骨のある建築家に出会えた縁を幸せに思いました。今でも私の記憶にしっかり残っている忘れることの出来ない人です。

おわりに

１９９０年〜１９９６年間にまとまって来ていたメッセージは、今振り返りますと、「地底と宇宙との交信ポイント創り」や「地底からの通路創りの支持」が多く、とても強烈だったように記憶しています。

１９９０年以前の世界は「アポロの月面着陸」にわき、「２００１年宇宙の旅」・「未知との遭遇」が多くの人々を魅了しました。また、矢追淳一氏の「ユリ・ゲラー」大ブームもありました。しかし、精神世界に対しては、まだ今ほど「ふむふむ・なるほど」のような理解のある時代ではありませんでした。

海外ではすでに多くの出版がなされていました。ジェームズ・ラブロック氏の『ガイア――地球は生きている』、シャーリー・マクレーン氏の『アウト・オン・アリム』やヒューレン氏の『ホ・オポノポノ』などはその一例です。

日本で精神世界の書物が多くでて来たのは、１９９５年の阪神淡路大震災やオーム事件の後からのように思います。この三年前に龍村氏の「地球交響曲＝ガイア・シンフォニー」

が自主上映（この当時）で始まりました。アメリカの友達も上映協力していました。木内氏が「4つ目の彗星を再発見」したのもこの時期でした。

この当時話題を呼んでいた書物の中で私が気になっていたのは、中矢伸一氏の「日月神示」（今ほどの注目度ではありませんでしたが）、高坂和導氏の『「超解説」竹内文書』、関秀男氏の『高次元科学』、足立育朗氏の『波動の法則』や江本勝氏の『波動の真理』、飯田史彦氏の『生きがいの創造』等々でした。

ともあれ、私がこれらの書を手に取ったのは1996年以降です。自身がここに紹介した造形を創っている時期には、まだ出会っていないことになります。

精神世界はこの後1999年のノストラダムス説に一つの波、2001年アメリカの同時多発テロ（今では米国の自作自演説多し）後の波、2011年の東日本大震災（人工地震説多し）後の波、そして2012年のマヤ説にまた一つの波、今の時代はカオスの波です。宇宙も地球も、誕生以来経験のない試練の時にあると言われています。

現在、世の中には精神世界に関する書物や映像は溢れるほどあり、容易に入手できます。ネット世界といえば情報のスピードが速く制御もできずで洪水状態です。受けて側は洗脳されないような自己の確立と賢明な選択が要求されます。また、正しい直観力も磨く必要があります。

異なった使命を受けて地球にいる方々（地球外能力を持っている方・臨死体験をお持ちの方・地球外惑星から実際来ている方・他惑星との交信役の方等々）とすぐ隣で出会えること、触れることも容易です。

地球空洞（シャンバラ）論やプラズマ論・周波数論・フラクタル論・ホログラム論・タイムワープ論、パラレルワールド論等々さまざまな論説があります。科学的見解からの論説も多くあります。異次元空間や異星人に関するものも非常に多くなりました。

いま「宇宙からの啓示」と言っても多種多様な内容と多種多様な方々が存在しており、驚くことなく普通のことのように聞くことや見ることができます。

私が今この時期にこのような形式の本を出すことは、すでに出来上がっている造形達に、もっと「もの申してほしい」と思っているからでしょうか。当時は「何これ？　何なの？」と自分自身にも良く分からず、受けたメッセージを懸命に分解して具現化してきました。でも嬉しいことに、私のところには今、「しっかり役割は果たせているよ」といった、彼（彼女）らからの声が届いています。

諏訪恵里子 (すわ・えりこ)

環境造形家。
㈲コンセプトＥ＆Ｓ代表。ギャラリーＥ＆Ｓオーナー。
HP　http://gallery-es.jp

宇宙《うちゅう》からの啓示《けいじ》と環境造形《かんきょうぞうけい》

2018 年 8 月 21 日　初版発行

著　者　諏訪恵里子
発行人　佐久間憲一
発行所　株式会社牧野出版
〒604 － 0063
京都市中京区二条通油小路東入西大黒町 318
電話 075-708-2016
ファックス（注文）075-708-7632
http://www.makinopb.com
印刷・製本　中央精版印刷株式会社

内容に関するお問い合わせ、ご感想は下記のアドレスにお送りください。
dokusha@makinopb.com
乱丁・落丁本は、ご面倒ですが小社宛にお送りください。
送料小社負担でお取り替えいたします。
 ISBN978-4-89500-223-3